BEI GRIN MACHT SICH IHR WISSEN BEZAHLT

- Wir veröffentlichen Ihre Hausarbeit, Bachelor- und Masterarbeit

- Ihr eigenes eBook und Buch - weltweit in allen wichtigen Shops

- Verdienen Sie an jedem Verkauf

Jetzt bei www.GRIN.com hochladen und kostenlos publizieren

Morphismen und Impulswirksamkeit Lagrange Kohärenter Fluids-within-Fluid-Systeme

Zur Induktionswirkung topologisch gleicher Wirbelfilamente

Michel Felgenhauer

Bibliografische Information der Deutschen Nationalbibliothek:

Die Deutsche Nationalbibliothek verzeichnet diese Publikation in der Deutschen Nationalbibliografie; detaillierte bibliografische Daten sind im Internet über http://dnb.d-nb.de abrufbar.

ISBN: 9783346699688
Dieses Buch ist auch als E-Book erhältlich.

© GRIN Publishing GmbH
Nymphenburger Straße 86
80636 München

Druck und Bindung: Books on Demand GmbH, Norderstedt Germany
Gedruckt auf säurefreiem Papier aus verantwortungsvollen Quellen

Das vorliegende Werk wurde sorgfältig erarbeitet. Dennoch übernehmen Autoren und Verlag für die Richtigkeit von Angaben, Hinweisen, Links und Ratschlägen sowie eventuelle Druckfehler keine Haftung.

Das Buch bei GRIN: https://www.grin.com/document/1252942

Morphismen und Impulswirksamkeit Lagrange Kohärenter Fluids within Fluid – Systeme
Zur Induktionswirkung topologisch gleicher Wirbelfilamente

Michel Felgenhauer, Berlin 2022

Der fluidische Kontext einer Wirbelquelle entscheidet darüber, wie sich die Impulswirksamkeit eines Fluid within Fluids im Feld entwickelt. Lagrange Kohärente Fluid within Fluids – Systeme (FwF) sind Wirbelfilamente, die im Nachlauf von fluidischen Auftriebsaggregaten existieren und sehr energiereich sein können. Die Designerin, der Konstrukteur, entscheidet darüber, ob das Potential Lagrange Kohärente Fluid within Fluids –Systeme, Impulsleistungen in das Strömungsfeld zu induzieren, in Kompensation aufgeht, induzierten Widerstand produziert oder für axiale Schubanteile im Sinne reaktiver Kräfte genutzt werden kann. Der Aufsatz klärt die theoretischen Grundlagen die erforderlich sind, um in der „Frühen Phase der Gestaltung und Technikentwicklung" Lösungsprinzipien zu erarbeiten. Dazu werden fluidmechanische Modelle, Berechnungen und numerische Simulationsergebnisse diskutiert und die Datengrundlage der Bilanzen über das Strömungsfeld dokumentiert.

Inhalt

Form und Variation Lagrange Kohärenter Fluid within Fluids – Systeme (FwF)........................ 3

Fluids within Fluid (FwF)... 6

Impulswirkung und Feld 11

Bilanz über das fordernde Feld 17

Ergebnisse der Simulation. Gradienten, Integral- und Mittelwerte. 20

Anweisungen für den Koch 31

Bibliographie, Quellen und weiterführende Literatur 40

Anhang... 47

Bildanhang 49

Simulations- und Berechnungsprotokoll WSP-Modell 50

Simulations- und Berechnungsprotokoll LINE-Modell 68

Simulations- und Berechnungsprotokoll CIRCE-Modell 81

Form und Variation Lagrange Kohärenter Fluid within Fluids – Systeme (FwF)

Morphismen: Transformationen bedienen die Sicht auf den Euler'schen Raum, Semantiken hingegen den pfadabhängigen Lagrangen Ansatz.

Ein Gedankenexperiment umfasse Figuren im Raum, die endlich und geometrisch ähnlich sind (Isomorphie): Die drei Objekte sind jeweils zusammenhängend (Kohärenz) und die Pfade ihrer Formulierung lassen sich durch stetige Verformung ineinander überführen (Homotopie). Die Figurenobjekte beschreiben Systeme im Raum, denen richtungsabhängige Eigenschaften zugeschrieben werden (Lagrange).

<u>Wir sehen:</u>
(i)   LINE: ein linear langgestrecktes, Linienhaftes.
(ii)   WSP: ein linear gewundenes Spulenhaftes.
(iii)   CIRCE   ein linear Kreisrundes.

Zwischen LINE und CIRCE herrscht die Transformationsbeziehung T1. Zwischen CIRCE und WSP die Transformationsbeziehung T2 und zwischen LINE und WSP herrscht die Transformationsbeziehung T3. Es ist unmittelbar einzusehen, dass daraus universale Morphismen ableitbar und deren Transformationen reflektiv sind, in der Art: T1 und T2 bzw. T3 usw. lassen sich hintereinander ausführen (Kompositionen), so dass gilt: T3=T1·T2 und T2=T1·T3 und T1=T2·T3.

Die Verknüpfung von (transformatorischen) Morphismen ist assoziativ, also: T1·(T2·T3) = (T1·T2)·T3.

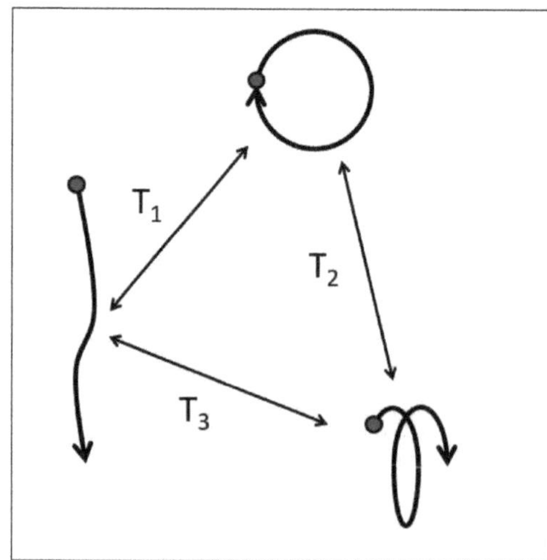

Abb.1: Morphismen.
Im Euler'schen Koordinatenraum sind homotope Figuren durch reversible Transformationen verknüpft.

(Eigene Graphik, Michel Felgenhauer, Berlin (2021/22)).

Anders als die numerischen Modelle der drei Objekte, bleiben die Morphismen zunächst unbekannt, was aber für die Simulation später keinerlei Problem darstellt. Morphismen sind in erster Näherung neutral gegenüber der Geometrie und Metrik des betrachteten Raumes und auch neutral gegenüber den FwF-Objekten, die sich dort aufhalten. Morphismen sind sogar neutral gegenüber der Lagrangen und der Euler'schen Sicht auf das numerische System.

Wenn wir über Transformationen sprechen, dann realisieren wir – in einem guten Fall – dreidimensionale, affine Abbildungen im Raum.

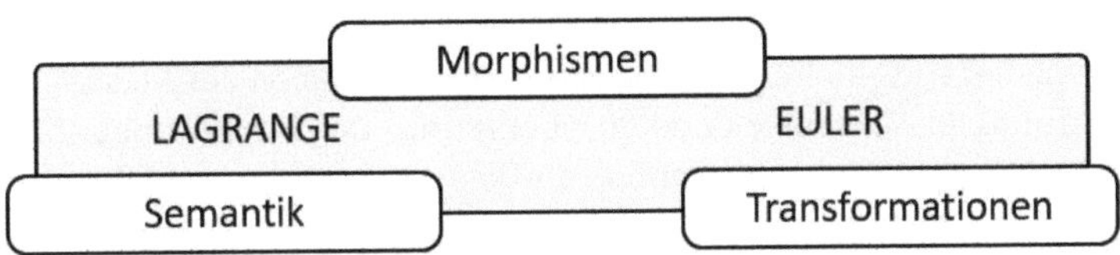

Abb.2: Morphismen

(Eigene Graphik, Michel Felgenhauer, Berlin (2021/22)).

Aus der Sicht des Mathematikers, der Mathematikerin, bedienen Morphismen ein Formänderungsgeschehen der angesprochenen Objekte als Transformationen in einem metrischen Raum. Dies ist die Euler'sche Sicht.

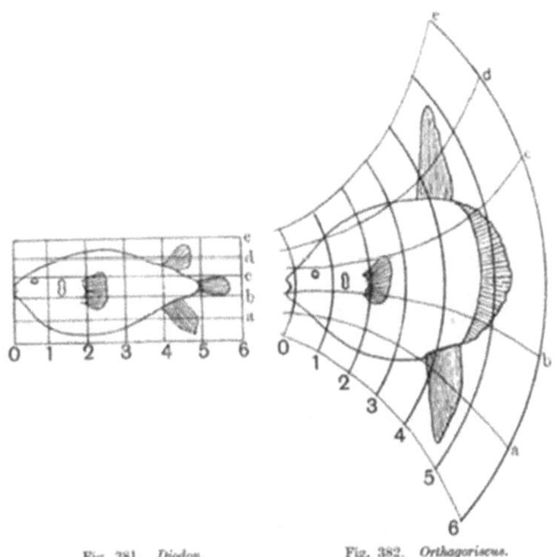

Abb.3: Geometrievariation durch Transformationen.

One of the famous Transformation Diagrams from „On Growth and Form", D'Arcy Wentworth Thompson (published by Cambridge University Press in 1917)

Eine der schönsten Erläuterungen komplexer Transformationen in Euler'schen Koordinaten stammt von D'Arcy Wentworth Thompson[1]: *„For the harmony of the world is made manifest in Form and Number, and the heart and soul and all the poetry of Natural Philosophy are embodied in the concept of mathematical beauty.“* (On Growth and Form, 1917.)

D'Arcy Thompson diskutiert unterschiedliche Gestaltwerdungsstrategien in der belebten Natur und legt die mathematischen Kalküle dazu offen. Für die frühen Computer- Simulationen in den 70er Jahren und dann in der Hochzeit der Chaos-Theorie in den 80er Jahren das vergangenen Jahrhunderts, war „On Growth and Form" wie eine Rezeptsammlung um daraus die Mechanismen der Muster- und Gestaltentstehung in Computer-Code zu übersetzen. Der Morphismus D'Arcy Thompsons ist also die Transformation, die lineare konforme Abbildung im Euler'schen Raum. Aber die Zeit der jungen Computerwissenschaften und ihr Hunger nach graphischen Post-Prozessen, insbesondere nach realitätsnahen und extrem schnellen szenischen Darstellungen förderte eine – in gewisser Weise bereits in Vergessenheit geratene – Berechnungs- und Darstellungsweise für die meist schwarz-grünen und nicht besonders hoch auflösenden Computer-bildschirme: Geometrievariation durch Ontogenese[2] und als numerische Kompo-sition, den „semantischen Code". Im Zusammenhang mit den numerischen Konzepten der Ontogenese-Simulation sind in erster Linie die Tübinger Forscher Meinhard und Gierer zu nennen, deren grundlegende Arbeiten- basierend auf der Theorie morphogenetischer Gradienten (Wolpert[3]) – die biologischen Zusammenhänge der ontogenetischen Individualentwicklung überhaupt erst verständlich (und lehrbar) machten. Frühe mathematische Untersuchungen zur Musterbildung mit Morphogenen stammten schon von Alan Turing (1952). Von der numerischen Simulation der Ontogenese bis zu einer rein synthetischen „Semantik der Muster- und Gestaltentstehung" war es nun nur noch ein kleiner Schritt. Die in der hiesigen Simulation der Fluid within Fluid Systeme beschriebenen Formänderungsszenarien bedienen die Lagrange Sicht in diesem Sinne.

Aus Lagranger Sicht sind euler'sche Transformationen in ihrer Absolutheit nicht immer leicht zu verstehen. Der Gegenentwurf zu den (Morphismen aus)

---

[1] D'Arcy Wentworth Thompson (* 2. Mai 1860 in Edinburgh; † 21. Juni 1948 in St Andrews) war ein britischer Mathematiker und Biologe. https://de.wikipedia.org/wiki/DE28099Arcy_Wentworth_Thompson
Project Gutenberg's On Growth and Form, by D'Arcy Wentworth Thompson
Title: On Growth and Form; Author: D'Arcy Wentworth Thompson; Release Date: August 4, 2017 [EBook #55264] https://www.gutenberg.org/files/55264/55264-h/55264-h.htm
[2] Unter Ontogenese oder Ontogenie (altgriechisch ὀντογένεσῃ ontogénese; Kompositum aus altgriechisch ὄν on, deutsch ‚das Seiende' und altgriechisch γένεσις génesis, deutsch ‚Geburt', Entstehung') wird die Entwicklung eines Einzelwesens bzw. eines einzelnen Organismus verstanden,
[3] Lewis Wolpert, CBE (* 19. Oktober 1929 in Johannesburg, Südafrika; † 28. Januar 2021)war ein in Großbritannien tätiger Entwicklungsbiologe und Embryologe.

Transformationen in Euler'scher Metrik ist eben gerade die Lagrange Sichtweise „semantischer Morphismen".

Abb.4: Geometrievariation durch Simulation von Ontogenese[4]. Als numerische Komposition: Lindenmayer-System.
(Eigene Graphik, Michel Felgenhauer, Berlin (2021/22)).

Aristid Lindenmayer[5] hatte Jahre zuvor pfadabhängige Gestaltänderungesprozesse untersucht[6], aber erst mit den computergestützten Modellen der Akteure der Chaos-Theorie wurden die so genannten L-Systeme in Code umgesetzt. Numerische Ontogenese - in Abgrenzung zur Stammesentwicklung der Phylogenese, bzw. Evolution und der zeitliche Verlauf der Individualentwicklung, auch Entwicklungsgeschichte genannt - wurde durch abstrakte synthetische Modelle darstellbar und übertragbar auf künstliche Szenarien, letztendlich auf Technik, wie wir sie heute sehen.

Fluids within Fluid (FwF)

Fadenförmig eindimensionale Lagrange Kohärente Systeme (LCS) mit der impliziten Eigenschaft „Zirkulation" werden als „Fluids within Fluid" (FwF) benannt. Helmholtz benennt solcherart Systeme „Wirbelfäden". Unter Vortex-Filament[7] (vortex Line, vortex tube,) ist eine eindimensionale Linie zu verstehen, entlang der sich eine unendliche Wirbelbewegung in einer Flüssigkeitsbewegung konzentriert, wobei die umgebende Flüssigkeit, also das Feld selbst, frei von Wirbeln ist. Das hier untersuchte Modell Lagrange Kohärenter Fluids within Fluid, baut auf der Strömungsmechanik makroskopischer Wirbelstrukturen auf. Diese makroskopischen Wirbelstrukturen sind pfadabhängig und besitzen ein

---

[4] Unter Ontogenese oder Ontogenie (altgriechisch ontogénese; Kompositum aus altgriechisch ὄν on, deutsch, das Seiende' und Geburt', Entstehung') wird die Entwicklung eines Einzelwesens bzw. eines einzelnen Organismus verstanden.

[5] Aristid Lindenmayer (* 17. November 1925 in Budapest; † 30. Oktober 1989) war ein ungarischer theoretischer Biologe. 1968 entwickelte er eine formale Sprache als Grundlage einer axiomatischen Theorie biologischer Entwicklung. In jüngerer Zeit fanden die Lindenmayer-System oder L-System genannten Systeme Anwendung in der Computergrafik bei der Erzeugung von Fraktalen und in der realitätsnahen Modellierung von Pflanzen.

[6] Lindenmayer, A. (1968) Mathematical models for cellular interaction in development. In: J. Theoret. Biology. 18. 1968,

[7] aus: Felgenhauer (2022) Zur „Fluids within Fluid" Phänomenologie, Thoughts on a FwF-Phenomenology.

inneres Milieu. Dieses ihnen inhärente, innere Milieu folgt seinem Charakter nach jenen Wirbelsätzen, die Hermann von Helmholtz um 1859 formuliert hat:

Erster Helmholtz'scher Wirbelsatz:
In Abwesenheit von wirbelanfachenden äußeren Kräften bleiben wirbelfreie Strömungsgebiete wirbelfrei.

Zweiter Helmholtz'scher Wirbelsatz:
Fluidelemente, die auf einer Wirbellinie liegen, verbleiben auf dieser Wirbellinie. Wirbellinien sind daher materielle Linien.

Dritter Helmholtz'scher Wirbelsatz:
Die Zirkulation entlang einer Wirbelröhre ist konstant. Eine Wirbellinie kann deshalb im Fluid nicht enden. Wirbellinien sind geschlossen, buchstäblich unendlich oder laufen auf den Rand.

Der erste Wirbelsatz bedeutet, dass sowohl die Zirkulation längs der Randkurve einer Fläche, die ganz auf dem Mantel einer Wirbelröhre liegt, verschwindet als auch, dass die Zirkulation verschiedener Querschnitte einer Wirbelröhre gleich ist. Der zweite Wirbelsatz besagt, dass Wirbelröhren Stromröhren sind, Wirbel an Materie (Fluid) anhaften und drittens, Teilchen, die einmal eine Wirbellinie gebildet haben, dies auch weiterhin tun (Kohärenz).
Der dritte Wirbelsatz fordert die zeitliche Konstanz der Zirkulation in einer (und um eine) Wirbelröhre. Die Helmholtz'schen Wirbelsätze sind Grundlage der Physik des hier vorgeschlagenen Lagrange Kohärenten Fluids within Fluid.

Eine Theorie Lagrange Kohärenter Strukturen (LCS) wurde in den frühen 2000er Jahren am Lefschetz Center for Dynamical Systems der Brown University, später an der ETH Zürich, dort am Department of Mechanical and Process Engineering, entwickelt. Das Akronym LCS (Lagrange Coherent Structures) stammt von Haller & Yuan (2000). Haller suchte nach einem Ansatz, die abstoßenden und anziehenden Fluidbewegungen in Scherschichten zu beschreiben. In Zürich wusste man aus der weitestgehend experimentellen Vergangenheit und hatte beobachtet, dass innerhalb fluidischer Regime Systemgrenzen im Sinne von „Materialoberflächen" existieren, die zusammenhängende Strukturen von der restlichen Strömung separieren. Diese extraordinären Systeme entwickeln eine komplexe körper- und richtungsbezogene Dynamik innerhalb einer Strömung. Als man in Zürich mit der Forschung ansetzte, konnten die Wissenschaftler noch auf keine tragfähigen theoretischen Modelle zur quantitativen Beschreibung dieser sonderbaren physikalischen Geschehnisse zugreifen. Rasch wurde klar, dass es zukünftig großvolumiger, numerischer Modelle und komplexer

Simulationen bedarf, die seltsamen Systemoberflächen der nunmehr Lagrange Coherent Structures (LCS) genannten Systeme, in Strömungsszenarien aus experimentellen und numerischen Daten zu isolieren und sie notfalls mit einer vereinfachenden Herangehensweise beschreibbar zu machen. Hallers Forschung ging der Frage nach, ob es gelingen könnte, Mischung, Entmischung und Massetransport in und um Lagrange Kohärenter Systeme in komplexen fluidischen Systemen vorherzusagen oder sogar zu beeinflussen. Es wurden im Zuge der Theoriebildung nichtlineare dynamische Methoden entwickelt, um komplexe Probleme in der angewandten Wissenschaft und der Technik zu lösen, etwa die Analyse von Transportprozessen und Kohärenz in einem Ozean und in der Atmosphäre, die Echtzeiterfassung von Luftturbulenzen in der Nähe von Flughäfen, die Theorie und Kontrolle der instationären, aerodynamischen Trennung, die Dynamik von Trägheitsteilchen unter Gedächtniseffekten und die Theorie des dynamischen Übergangszustands bei chemischen Reaktionen[8].

Eine „Fluid within Fluid Phänomenologie" deutet Lagrange Kohärenter Objekte (LCO) als Systeme, die zirkulationsbehaftet sind, in einem Strömungsfeld separiert auftauchen und mit diesem in Wechselwirkung stehen. Sie sind von ihrem Wesen her Wirbelfäden im Sinne der Helmholtzschen Wirbeltheorie und gleichsam Fluidische Trajektorien, wie Haller sie beschreibt. Lagrange Kohärente Fluids within Fluid- Systeme platzieren Induktionswirkungen im umgebenden Strömungsfeld, sie „organisieren" die Strömung. Ursache der Induktionswirkungen ist die dem Lagrange Kohärenten Objekt einbeschriebene Zirkulation, die ihrerseits aus einem Wechselwirkungsgeschehen deren Entstehung stammt.

Die so beschriebenen Objekte LINE, WSP und CIRCE sind Wirbelfäden in unserem fluidmechanischen Modell. Wir betrachten diese Objekte als eindimensionale Systeme aus finiten Sequenzen, im numerischen Modell durch Polygone dargestellt. Die Polygone besitzen die Dimension pdim und bilden ein geometrisches Modell finiter Sequenzen im dreidimensionalen Raum. Seitens des Simulationsmodells ist die Dimension des Polygons an eine Mindestanzahl von Stützstellen gebunden, aber nach oben hin unbegrenzt. Am Ende ist die Frage der Diskretisierung des Objektpolygons eine Frage der Berechnungszeit der fluidmechanischen Simulation. Die innere Konstruktion des Polygons ist äußerst einfach. Jedem finiten Sequenzen-Element können richtungsabhängige Eigenschaften zugeschrieben werden (Lagrange), die jeweiligen Eigenschaften des Polygon-Objekts können voneinander verschieden sein. Modellannahme: es wird von einer (verstetigenden) energetischen Kopplung der Eigenschaften

---

[8] Aus: Felgenhauer, Mi. (2020) Artifizielle Lagrange Kohärente Strukturen. About artificial Lagrangian Coherent Structures. GRIN-Verlag GmbH München, PDF-Version (pdf), ISBN: 9783346285904, ISBN (Buch): 9783346285911 Katalognummer. v913092

ausgegangen, die physikalisch wirksam, aber nicht weiterer Gegenstand des Simulationsmodells ist. Die hier betrachtete, vornehme und den linienhaften Objekten innewohnende, Eigenschaft (das Milieu) sei die Wirbelstärke (ω [Hz] bzw. ω [s^{-1}]), Vorticity) mit der Dimension ω [T^{-1}]. In der Analysepraxis ist die Vorticity keine freundliche Größe und wird im numerischen Modell als lokales Milieu durch die Zirkulation Γ an jeder Stelle des Wirbelfaden-Objekts dargestellt. die Zirkulation hat die Dimension Γ [L^2 T^{-1}].

Gegenstand der Untersuchung über die drei verschiedenen (Wirbelfaden-) Objekte ist die Induktionswirkung im Feld, respektive der Impuls p an einem Volumenelement dV im Feld mit der Dimension p [MLT^{-1}][9]. In der Berechnungspraxis hat der Impuls die Einheit p [N s] bzw. p [kg m s^{-1}]; den spezifischen Impuls I_{SP} mit der Dimension [L T^{-1}] werden wir unten einführen. Grundsätzlich gilt: Der Impuls stammt aus dem Induktionsgebaren der untersuchten Szene im Feld. Wenn der induzierbare Impuls unabhängig von der Masse eines Volumenelements ρ dV im Feld bilanziert wird, ist die induzierte Geschwindigkeit $\underline{c}$ (u,v,w) dort ein Maß für die Induktionswirksamkeit. Die induzierte Geschwindigkeit hat die Dimension $\underline{c}$ [LT^{-1}]. Zur Veranschaulichung betrachten wir die für die Analyse relevanten physikalischen Größen und ihre Dimensionen.

Größe		Einheit	Dimension	Beispiel
Wege	s, Δs, $\underline{r}$, b	[m]	L	LE, $\underline{r}$ = $\underline{QA}$
Flächen	A, dA	[m^2]	L^2	LE^2, (ds x $\underline{r}$)
Volumen	V, dV	[m^3]	L^3	LE^3
Zeit	t, dt	[s]	T	
Masse	m	[kg]	M	dm = $\rho \cdot$ dV
Dichte	ρ	[kg/m^3]	M $\cdot$ L^{-3}	ρ = m / V
Wirbelstärke, Vorticity	ω	[1/s]	T^{-1}	w = Γ / s$\cdot$b
Geschwindigkeit	c, u, v, w	[m/s]	L $\cdot$ T^{-1}	c = Δs/t
Zirkulation	Γ	[m^2/s]	L$^2 \cdot$ T^{-1}	Γ = s$\cdot$b / t
Beschleunigung	a	[m/s^2]	L $\cdot$ T^{-2}	a = v / t
Kraft	F	[N]	M L T^{-2}	F = m $\cdot$a
Impuls	p	[N s]	M L T^{-1}	p = m v
Spezifischer Impuls	I_{SP}	[m/s]	L T^{-1}	dp/dm
Energie	W	[J][Nm]	L^2 M T^{-2}	W = F $\cdot$ s
Leistung	P	[W]	M L^2 T^{-3}	P= dW/dt
Kin. Viskosität	ν	[m^2/s]	L$^2 \cdot$ T^{-1}	ν = $\eta \cdot \rho$

---

[9] In der Strömungsmechanik: Impuls p (von lateinisch pellere ‚stoßen, treiben'). Der Impuls ist eine grundlegende physikalische Größe, die den mechanischen Bewegungszustand eines physikalischen Objekts (z.B. ein massebehaftetes Volumenelement δm) charakterisiert.

In der Analyse des Feldes von besonderem Interesse ist der spezifische Impuls I_{SP}. Seine Anwendung findet diese Größe in der Luft- und Raumfahrttechnik[10]. Der spezifische Impuls I_{SP} eines reaktiven Antriebs[11] ist die Änderung des Impulses pro bewegter Masse. Die Einheit des spezifischen Impulses ist daher Meter pro Sekunde (m/s), dieselbe wie die der (induzierte) Geschwindigkeit.

Bisher wurde es noch nicht in dieser Weise kommuniziert, aber die Impulsinduktion eines Lagrange Kohärenten Fluids within Fluid- Systems in ein fluidisches Feld enthält alle Anteile eines reaktiven Antriebs, außer den reaktiven Antrieb selbst (was nicht als Gaunerei aufzufassen ist). Für das elektro-dynamische Äquivalent zur fluidmechanischen Induktion wäre die Aussage über den reaktiven Antrieb etwa durch eine stromdurchflossenen Leiterschleife (Modell CIRCE) unmittelbar sinnfällig.

Betrachten wir die näheren Umstände und ihre mathematische Behandlung. Ein Wirbelfadenelement um die Quellpunkte Q induziert eine partielle Impulswirk-samkeit; respektive die induzierte Geschwindigkeit $\underline{c}=\Sigma^{i,j,k}\Delta c$ in allen Punkten $P_{i,j,k}$ des Feldes. Alle Punkte des Feldes sind somit „Aufpunkte A" der fluid-mechanischen Induktion im Raum. Der Abstand $\underline{QA}$ im Feld ist der Vektor $\underline{r} = \underline{QA}$. Im Simulationsmodell kumulieren die partiellen induzierten Geschwindigkeiten Δc an jedem Ort im Feld. Die induzierten Geschwindigkeiten Δc an jedem Ort sind gleichbedeutend mit dem spezifischen induzierten Impuls I_{SP}, ebendort. Die Induktionswirksamkeit als in das Feld induzierte Geschwindigkeit wird mit der Beziehung ermittelt:

$$\Delta c = (\Gamma/4/\pi) \cdot ((ds \times \underline{r}) / r^3) \qquad (F1)$$

Wobei ds der finite Abschnitt entlang des FwF Struktur und $\underline{r}$ der vektorielle Abstand im (Berechnungs-) Raum ist. Die Form (F1) ist die Gleichung für das

---

Gesetz von Biot und Savart[12], das aus der allgemeinen Feldtheorie stammt[13] und das Induktionsgeschehen im Raum beschreibt. Die Form (F1) ist elementar.

Das Verfahren der fluidmechanischen Induktion und das dreidimensionale numerische Modell ist entwickelt und beschrieben (Felgenhauer 2022).

Impulswirkung und Feld

Brutto und Netto und Gestalt. Die durch ein Lagrange Kohärentes Fluid within Fluid System induzierte Geschwindigkeit beziehungsweise der spezifische induzierte Impuls I_{SP} an jedem Ort, ist eine kumulative Größe. Sowohl positiv-wertige als auch negativ-wertige Beiträge werden superponiert. Es kann nun passieren, dass sich die Beiträge des Impulses aufzehren und kompensieren. Diese Sorge um den „durch Kompensation verschwundenen Impuls" legt das Ansinnen nahe, bei der Betrachtung der induzierten Impulswirksamkeit an jedem Ort im Feld, dieses „Geben und Zehren" in einer besonderen Art, in der Analyse zu berücksichtigen. Diese Form der Analyse über das Feld nennen wir die Bilanz über Brutto und Netto des spezifischen induzierten Impuls I_{SP},. Den fluidmechanischen Raum nennen wir das fordernde Feld.

Fortan bilanzieren wir (I) die „jemals" in das Feld eingebrachte Induktion und in einem zweiten Blick messen wir (II) die „impulswirksame" Induktion. In der nachfolgenden Argumentation, in den Graphiken und Abbildungen tauchen dementsprechend die Begriffe auf:

    (I) Brutto-Bilanz: für: die „jemals" in das Feld eingebrachte Induktion!
    (II) Netto-Bilanz: für: die „impulswirksame" Induktion.

Die jemals in das Feld eingebrachte fluidische Induktion kann (nur) zur RUNTime, also während der numerischen Iteration im Kernprozess der Gesamtfeld-Synthese, erhoben (eingesammelt) werden. Bei der impulswirksamen Induktion ist das Verfahren wesentlich einfacher, denn der Nettobetrag der Impuls-wirksamkeit ist das vornehme Berechnungsergebnis der Iteration nach der vollständigen Superposition im RUNTime-Prozess.

Richtungsbilanz, Reaktion und Gestaltungsabsicht. Die Analyse der Induktions-wirklichkeit im Raum um ein Fluid within Fluid System (FwF) folgt einer Absicht.

---

[12] Das Biot-Savart-Gesetz beschreibt das Magnetfeld bewegter Ladungen. Es stellt einen Zusammenhang zwischen der magnetischen Feldstärke H und der elektrischen Stromdichte her und erlaubt die Berechnung räumlicher magnetischer Feldstärkenverteilungen anhand der Kenntnis der räumlichen Stromverteilungen. Nach: https://de.wikipedia.org/wiki/Biot-Savart-Gesetz

[13] Felgenhauer, Mi. (2022) Thoughts on a FwF-Phenomenology. GRIN Verlag München, erscheint in 2022.

Untersucht werden die Möglichkeiten, durch ein „gesteuertes physikalisches Geschehen" ein gestalterisches Entwicklungsziel zu kontrollieren, mit anderen Worten: Die Induktion von Impulswirksamkeiten in unserem fluidischen Geschehen soll taugen und einem Zweck dienen.

Normalerweise verfolgen Antriebe Mobilität als Zweck. Wir sprechen über Schiffsantriebe, Flugantriebe und grundsätzlich über Antriebe in einem fluidischen Umfeld. Reaktive Antriebe für fluidische Systeme sind charakterisiert durch ihre Eigenschaft, eine begrenzte, sagen wir: erhabene, fluidische Umgebung dahingehend zu organisieren, dass ein Großteil des in die Strömung eingebrachten Impulses, einem Ziel dient, den wir in der Bilanz als „Vortrieb" konstatieren (Lagrange).

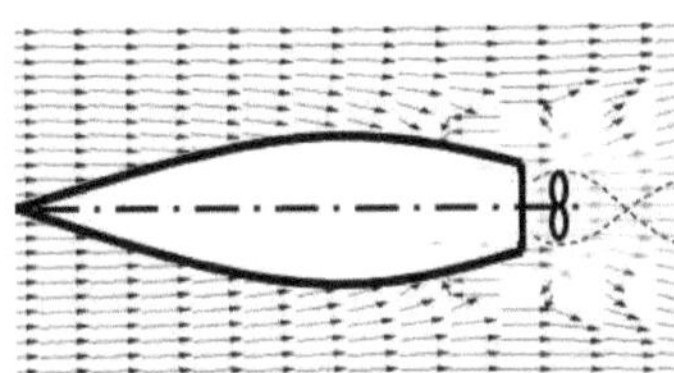

Abb.5:
Reaktiver Antrieb eines Seefahrzeugs, vermittelt durch einen Schiffpropeller (in schematischer Darstellung).

(Eigene Graphik, Michel Felgenhauer, Berlin (2021/22)).

Vortrieb bedeutet für ein Bewegungssystem, eine in auf seinen Kurs gerichtete Bewegung, die entweder unterstützt wird oder ihr entgegen gerichtet ist oder gestört ist in dem Sinne, dass maßgebliche „Richtungsanteile" kontraproduktiv in der Strömung verpuffen. Oder nicht. Die maßgeblichen Strömungsanteile sind die axialen Strömungsanteile entlang der „Hauptströmungsrichtung". Die Betrachtung der Hauptströmungsrichtung - das mag nun pathetisch erscheinen - ist aber in der Analysepraxis bei Laborexperimenten und in Computer-simulationen keinen Falls eine Selbstverständlichkeit.

Der reaktive Antrieb. Reaktive (Energie-) Wandlungsprozesse werden rezent vornehmlich in der Raumfahrttechnik und bei irdischen Raketenantrieben zitiert. Trotz aller Komplexität einer Rakete sind die Vorgänge anschaulich: Kraftstoff wird (im Innern) von der Rakete kontrolliert, meist chemisch, umgesetzt (entzündet) und verlässt das System achterlich (also hintenheraus) als ein beschleunigtes Massesystem (zu sehen als Strahl). Ein mechanischer Schub, der auf diesem Prinzip beruht, ist leicht zu verstehen und nicht selten wird in der Lehre der Impulssatz an einem im Garten herumflutschenden Wasserschlauch beschrieben und entwickelt. Ein intuitives Tun. Ganz anders moderne reaktive Antriebe für Raumraketen vom Stand der Technik: Für uns (Raketen-) Laien nahezu phantastisch muten Antriebe an, die aus irgendeiner raffinierten Vorrichtung heraus, Masseteilchen zu beschleunigen in der Lage sind. Wie quasi aus dem Nichts?

Und tatsächlich ist es kompliziert, und: die in diesem Aufsatz angesprochenen „reaktiven Wirkungen aus fluidmechanischen Wirbelspulen" spielen in genau dieser Liga; schauen wir also kurz ein wenig näher auf rezente Raumfahrttechnik. Elektrische Raketenantriebe verwenden elektrische Energie, um ein Raumschiff anzutreiben; dies kann durch Aufheizung oder Ionisierung des Treibstoffes (hier Stützmasse genannt: ρV) geschehen. Andere zukunftsfähige Antriebsprinzipien sind (für den Normalo) nur noch schwer zu verstehen, etwa so: „Der Magnetfeldoszillationsantrieb (Magnetic Field Oscillating Amplified Thruster) verwendet Alfvén-Wellen, um durch veränderliche Magnetfelder in elektrisch leitfähigen Medien (z. B. Plasma) Dichtewellen hervorzurufen ". Dem geneigten Leser sei trotz aller Verblüffung der Vortrag von Frischauf und Hettmer, et.al. empfohlen, einzig alleine um unser hübsches (montiertes) Bildchen Abb.5 in einem wahren wissenschaftlichen Kontext zu betrachten (The controlled use of a plasma source and two magnetic coils generates a periodically deformation of the system's magnetic field) lohnt sich der kleine Abstecher.

Begnügen wir uns an dieser Stelle mit dem Narrativ der Äquivalenz elektro-dynamischer Phänomene und ihre Übertragung auf Schiffsantriebe. Alle zurzeit im Schiffbau verwendeten Antriebe sind reaktive Antriebe. Sie üben ihrem Wesen nach eine Reaktionskraft auf das Wasser aus. Dabei wird die Wasser-masse (siehe Stützmasse ρV, oben) durch für Schiffe typische Vortriebsaggregate (Schiffspropeller, Schaufelrad) achterlich beschleunigt (nach hinten gedrückt). Die Reaktion des Wasservolumens wird durch diese Aggregate angenommen und in eine Kraft umgewandelt. Die Projektion dieser Kraft auf die Bewegungs-richtung heißt Schub. Diese „Annahme der Reaktion durch das Aggregat" ist das eigentlich Dämonische der Rede. Ich selbst zitiere das aus meinem angelernten Wissen. Vorstellen kann ich mir diese „Annahme einer Reaktion" heute – und vor dem Hintergrung fluidmechanischer Wirbelspulen - viel weniger als noch vor Jahren, als dieser Satz tradiertes Repertoire der Lehre war. Vielleicht darf man sich die „Reaktionskraft auf das Wasser" eher vorstellen als ein ergänzendes Angebot an Impulsübertragung, das aus einem anderen Bewegungs-Phänomen des Fahrsystems stammt: dem Auftriebsgeschehen! Bei einem Motorflugzeug ist das wieder sofort einsehbar, bei einem Segelflugzeug wird es schon wieder undurchsichtig. Ähnlich sträubt sich die Intuition bei Tragflügeln, die im Medium Wasser arbeiten, sofern wir nicht „Foilen[14]" und das gesamte Fahrsystem aus dem Medium Wasser heben wollen (Lift). Verharren wir also im Abstrakten. Theoretisch und im Idealfall ist bei einem Bewegungssystem der Schub „rotorfrei", also: vorteilhaft heißt ein Antrieb, der keinen Drall im Nachlauf

---

[14] Felgenhauer, Mi. Foils, Speed and Resistance. Some Thoughts about AC75 hydrofoils. GRIN-Verlag GmbH München, VNR: v1237479. Erscheint voraussichtlich im Herbst 2022.

erzeugt und somit keine oder nur ein kleiner Teil jener Leistung verloren geht, die zum Voranschwimmen aufgebracht wird. Zwei Lemmata hierzu:

> Satz: ein idealer Antrieb generiert dem Fahrsystem eine (zusätzliche) axiale Strömung.
> Satz: Radiale Strömung aus einem Reaktionsgeschehen ist für das Fahrsystem nicht ideal.

Einem fluidischen reaktiven Antrieb unterstützen dabei offenbar alle Maßnahmen, die dazu führen, dass in Fahrt Masse (axial) „achternaus" beschleunigt wird. Ist durch das Schiff ein Impuls auf das Fluid platziert derart, dass er quer zur Hauptströmungsrichtung (Radialsystem) oder vielleicht sogar gegen die (Schiffs-) Bewegung gerichtet ist und agiert, kommt es unweigerlich zu Verlusten; was zu vermeiden ist (Seemannschaft). Vorteilhafte Gestaltung könnte nun also darin bestehen, dass der reaktive Antrieb möglichst viel der (etwa zum Lift) eingesetzten Energie genau in den (Richtungs-) Impuls umsetzt, der der Hauptbewegungsrichtung dient, also axial ist gegenüber der Hauptachse in Fahrt. In Fahrt kann durchaus ein Manöver sein.

Die Umsetzung dieser Gestaltungsabsicht bildet die Qualitätsfunktion Q in einer Optimierung um unseren (vielleicht sogar abstrakten) Gestaltungsgegenstand, unser Design. Die Qualitätsfunktion des Designs enthält also den Richtungsvektor der Impulswirkung aus der fluidmechanischen Induktion auf das Feld. Von der Masse entkoppelt repräsentieren die kumulierten, induzierten Geschwindigkeiten $\underline{c}(u,v,w)_{i,j,k}$ an jedem Ort im Feld den spezifischen Impuls I_{SP} ebendort, so dass die Qualität der Induktion eine Funktion der in das Feld induzierten Geschwindigkeit ist: $Q=F(\Sigma_{i,j,k}(u,v,w))$. Es ist offensichtlich, dass die Qualitätsfunktion des Designs dort optimal zu sein scheint, wo die axiale „achterliche" Komponente (Lagrange) der induzierten Impulswirkung ein Maximum besitzt und die radiale Komponente ein Minimum; das ist in der hier dargestellten Simulation die Komponente u der induzierten Geschwindigkeit $\underline{c}(u,v,w)_{i,j,k}$. Nach der „rechten-Hand-Regel[15]" stehen die radialen Komponenten v und w senkrecht auf der axialen Komponente u der vektoriellen Geschwindigkeit. In der Logik der Qualitätsfunktion des Designs wäre dann im Optimum für die (zu u radialen) Komponenten v und w der vektoriellen Geschwindigkeit $\underline{c}(u,v,w)$ ein Minimum zu finden.

Die Qualitätsfunktion in einer Kampagne der Optimierung beziehungsweise einer gestalterischen Kondition des Designs (um abstrakt zu bleiben) ist aber lediglich die Soll-Seite der Gestaltungsaufgabe. Auf der Haben-Seite der Konditi-

---

[15] Die Drei-Finger-Regel ist eine Merkregel zur Bestimmung der relativen Orientierung dreier über das Kreuzprodukt zusammenhängender vektoriellen Größen. Die Regel ist üblicherweise so formuliert, dass sie für die rechte Hand passt, weshalb sie auch als Rechte-Hand-Regel bezeichnet wird. (wikipedia).

onierung befinden sich die Parameter des Modells. Sie sind quasi die „Einstellschrauben" der Simulation. Jedes Fluid within Fluid Sytem (FwF) kommt von einem Erzeugendensystem her. Die FwF im Inneren eines fluidischen Raumes entstehen aus einem dynamischen Äußeren innerhalb dieses fluidischen Raumes. In einem abstrakten Modell bedienen wir uns des Prinzips eines reaktiven Antriebsystems. Und genau dort finden wir die Parameter der Konditionierung, die Gestalt des Fluid within Fluid Sytem (FwF): die namensgebenden Morphismen der Simulation. Von den beiden gleichwertigen Morphismen wenden wir das semantische Szenario auf eine Wirbelspule WSP an[16]:

```
function [POLY]=polygonFwFcoilx(Ra, f, nz, bdim, ww, xc, yc, zc, xe); //properCode(052022)
global DONE BUSY PROCESS
test = BUSY;
    X = zeros(bdim); Y=X; Z=X;
    fi =linspace(ww,(nz*2*3.14)+ww,bdim); dx = (xe-xc)/bdim
    for n=1:bdim
        POLY(n).z = (Ra*cos(fi(n))) +zc;
        POLY(n).y = (Ra*sin(fi(n))) +yc;
        POLY(n).x = (n*dx) +xc;
    end;
test= DONE;
endfunction;
```

Die Wirbelspule ist in diesem einfachen Fall ahsenkonform (X) und die Dimension des Polygons sei bdim; außerdem codieren wir:

Radius der Wirbelspule	Ra
Koordinaten (Seele d. Wirbelspule)	xc, yc, zc, xe
Steigung der Spirale	f
Anzahl der Windungen	nz
Anfangswinkelstellung	ww
Ergebnispolygon (Record)	POLY.x; POLY.y; POLY.z;

Ich habe mich bewusst dafür entschieden, nicht die Formel, sondern den Code des Polygon-Modells aufzuschreiben, denn der Morhismus und die semantische Lösung der Aufgabe ist hier sinnfällig: man sieht sofort, was man bekommt. Die Diskretisierung der FwF-Struktur hängt von der Dimension des Polygons ab; alle Entfernungen werden in Längeneinheiten [LE] des Modells angegeben; auch das Polygon selbst besitzt eine Länge L in [LE]. Wir sehen außerdem: Im Modell WSP ist das Modell LINE und das Modell CIRCE bereits enthalten. LINE und CIRCE sind

---

nur Verschiebungen der Wirbelspule WSP und der semantische Morphismus, die oben benannte Stelleschraube des Modells ist klein, sehr klein: $\Delta x = xe-xc$.

Der Algorithmus löst sukzessive die Form (F1) zur Berechnung des Induktionsgeschehens nach dem Gesetzt von Biot und Savart, ausgehend von einem Kern, dessen Zentrum das Polygon-Modell ist (Lagrange), über die Achsen des gesamten fluidischen Analyseraums (Euler). Insofern ist das vereinbarte Fluid within Fluid- Modell (WSP, LINE oder CIRCE) der wirksame und so genannte „Trigger" der gesamten fluidischen Simulation. Hier entscheidet sich beispielsweise die Zeit die es braucht, einen (i,j,k)-dimensionalen Raum bdim- dimensional zu iterieren. Bewährte Formate sind in diesem Aufsatz i=j=k=30 und bdim =100, also 2.7 Mio. (xflop), wie aufwändig sich dieser Teil auch gestaltet, weil (xflop) immer (also 2.7 Mio. mal) untersucht, ob die Berechnung innerhalb des Analysevolumens konform ist, oder nicht.

Ich hatte während der Kampagnen der Simulationen den Eindruck, dass ein Analyseraum von (30X30X30) Zellen bereits ausreicht, qualitative Aussagen über das durchaus komplexe Induktionsgeschehen der FwF in einem fluidischen Kontext zu generieren; es geht also mehr um das Verstehen, als um das Messen[17]. Bevor wir die Simulationsergebnisse erörtern, möchte ich den Blick des Lesers, der Leserin schärfen auf das, worauf die Analyse zielt.

Worauf also kommt es also an? Wir analysieren an exponierten Punkten im Raum; wir analysieren über (Analyse-) Linien im Raum und wir analysieren den Raum selbst. Als Ganzes. Die Analyselinien (hier fünf Stützpunkte in einer Analyse) folgen dem Seelen-Geschehen der ausgewählten FwF-Strukturen, d.h., die Polygon-Stützpunkte selbst sind determinierbar im Feld. Weil aber diese Analyseergebnisse vergleichsweise langweilig sind, verfrachten wir sie in den Anhang dieses Aufsatzes. Dort, im Anhang, erfahren wir auch Näheres über die Verteilungen der induzierten Impulsmächtigkeit in der (betrachteten) Ebene. Wir sehen Bilder der Geschwindigkeit (über Grund) als dreidimensionale Gelände und in Höhenbildern, wie wir sie aus der Wetterkarte kennen.

Wir hatten oben vereinbart, die Impulsmächtigkeit mit der induzierten Geschwindigkeit gleichzusetzen: klug, weil die Impulsmächtigkeit die gleiche Dimension führt $[LT^{-2}]$, wie der spezifische Impuls I_{SP} an dieser Stelle. Der spezifische Impuls I_{SP} ist eine Größe, die (irgendwo) im Raum Aufschluss liefert darüber, wie und wo dort Masseelemente beschleunigt werden, um einen „reaktiven Antrieb" des Gesamtsystems zu realisieren.

---

[17] In der Corona-Pandemie waren die Kosten von Berechnungs- und Entwicklungszeiten geringer. Das Dokumentationsfile über die Simulation weist den Wert der CPU-Zeit der jeweiligen Berechnung aus.

Bilanz über das fordernde Feld

Wir sehen: Ein „Fluid within Fluid- System, FwF" im Raum. Dieser Raum ist das fluidische Feld, in dem das Induktionsgeschehen erfolgt. Wir betrachten die anfangs beschriebenen Morphismen und die ableitbaren phänotypischen Fluid within Fluid- Systeme und bilanzieren:

LINE: linear langgestreckt.
WSP: gewunden.
CIRCE   rund.

Durch die Pfadabhängigkeit der Erzeugendensysteme der Induktionswirkung kommt es zu sogenannten „Auslöschungen" der kumulierbaren Komponenten-geschwindigkeiten, respektive des spezifischen Impulses (Impulsmächtigkeit). Diese Kompensationen sind auf der Modell-Ebene der Simulation von rein mathematischer Natur, etwa so: kommen sich zwei Lagrange kohärente Wirbel-fäden mit ihren richtungsabhängigen Induktionswirkungen nur genügend nah, tilgen sie sich lokal auf, sie verzehren sich. Eine Bilanzierung der Induktions-wirkungen muss aber (auch) das jemals in das Feld eingetragene Induktion-Brutto messen können. Dieser Vorgang der lokalen (Brutto-) Bilanzierung kann nur während der Berechnung (Runtime) und innerhalb der Iteration der Simulation erfolgen, weil sich ja die Beträge über den Berechnungsprozess betrachtet, gegebenenfalls verzehren (Netto-Bilanz).
Auf den ersten Blick ist das einfach nur Mathematik. Etwas kumuliert; sammelt positive und negative Beiträge eines Gesamtgeschehens ein. Es kann zu Kompensationen kommen; diese „Auslöschungen" sind real. Gleichwohl muss gezeigt werden, dass dynamische Kompensation im Falle der „Impulsforderung" des Feldes von einer gerade herrschenden aber grundsätzlich beliebigen „geometrischen" Konstellation der beteiligten Induktionspartner in einem Feld abhängt. Mehr noch: Alleine die eigene FwF-Körperform, etwa die örtliche Krümmung eines pfadabhängigen und zur Geschwindigkeitsinduktion fähigen Gebildes, kann in einem kumulativen Szenario über Auslöschungen entscheiden. Aus der Elektrodynamik kennen wir den Effekt, dass ein „kollabierendes Feld" genau jene in das Feld eingebrachten Induktionswirkungen hervorbringt, die im stationären Verharren verborgen bleiben und dem Beobachter eines stationären Vorgangs nicht erscheinen und auch rein rechnerisch bereits kompensierend bilanziert sind. Erst beim Zusammenbruch des elektromagnetischen Feldes (der Zündkontakt des Zündspulensystems eines Ottomotors wird schlagartig geöff-net, der so genannte Polschuhabriss!) wird die im Feld enthaltene Energie (schlagartig) wirksam und ein sehr effizienter Zündfunke entsteht an der ottomo-torischen Zündkerze. Dieses Induktionsprinzip ist die Urmutter aller (elektri-

schen Induktions-) Transformatoren. Bei der schnelllaufenden Verbrennungs-
kraftmaschine findet dieser Vorgang mit mehr als 50 Hz statt, also in der
Größenordnung eines Netzteils für elektrische Endgeräte. Die Idee des schlagartig geöffneten Zündkontakts übernimmt hier die Alternation der Wechsel-
spannung aus der Steckdose. Und so weiter und so fort. Derart konkret sollten
wir bei unseren theoretischen Modellbeschreibungen gar nicht werden!

Kommen wir zurück zu den drei Fluid within Fluid-Systemen WSP, LINE und CIRCE
und betrachten zuerst die Gemeinsamkeiten der Modelle und ihrer Bilanzierung.
Wir sehen eine mögliche physikalische Wechselwirklichkeit des Induktionssystems. Es ist nicht die physikalische Realität; sondern die hier „vereinbarte"
Wirklichkeit innerhalb der Phänomenologie lokaler „Lagrange Kohärenter Fluid
within Fluid-Systeme".
Die Phänomenologie über die Induktionswirkungen Lagrange Kohärenter
Wirbelfäden bestreitet ja gerade eine (reale) Auslöschung und behauptet
stattdessen, dass das (Wirbelfaden-) System lediglich in einem beschreibbaren
energetischen Zustand verharrt. Eine Mode, ein Zustandsgebaren, ein Attraktor
als Funktion der veränderlichen geometrischen Anfangs- und Randbedingungen
und ihrer Morphismen. Ändert sich Form, Anordnung und Gestalt eines Lagrange
kohärenten Induktionssystems über die beschriebenen Transformationen
(Morhismen) in eine topologiegleiche (sprich: homotope) andere Gestalt, unterscheiden sich auch die Induktionswirkungen diese Induktionssystems von dieser
Varianten. Im fluidischen Fall: die Energie im Feld und um das Lagrange Kohärente System herum, geht bei dieser homotopen Gestaltänderung (eben gerade)
nicht verloren, sondern taucht nur mehr oder weniger in einer Bilanz über das
Strömungsfeld auf; ich konstatiere ein weiteres Lemma:

Satz: Die Impulswirksamkeit homotoper Lagrange Kohärenten Fluid within
      Fluid-Systeme ist auf eine sonderbare Weise mit dem Feld verschränkt!

Für diese „sonderbare" Verschränkung habe ich derzeit keine Theorie. Das hat
zur Konsequenz, dass Modellbildung und Simulation der homotopen Lagrange
Kohärenten Fluid within Fluid-Systeme auf dem Niveau „phänomenologischer"
Laborexperimente rangiert. Dass mich dieser Umstand in keiner Weise grämt, ist
der Tatsache geschuldet, dass ich genau dieserart Laboruntersuchungen in den
80er Jahren durchzuführen, das Glück hatte; mehr noch: die rezenten Arbeiten
an theoretischen Modellen homotoper Lagrange Kohärenter Fluid within Fluid-
Systeme betreffen und bedienen den 30 Jahre alten „ColdCase"[18].

---

[18] FG Bionik und Evolutionstechnik der TU Berlin (1988-1999).

Betrachten wir nun abschließend und im Vorfeld der Simulation die Konditionen des modellierten Strömungsraumes und die erwartbaren Eigenschaften der hierin simulierten Lagrange Kohärenten Systeme, so legen theoretische Untersuchungen[19] aus der näheren Vergangenheit den Schluss nahe, dass die Verteilung von Induktionsquellen im Raum hinsichtlich ihrer Induktionswirkungen nicht beliebig sein kann. Beobachtet man vor dem Hintergrund der Gültigkeit des aus einer allgemeinen Feldtheorie stammenden Gesetzes von Biot und Savart Induktionsquellen im Raum, so kommt man zu der Erkenntnis, dass mehr oder weniger nah benachbarte Quellen das Strömungsfeld unterschiedlich organisieren. Dabei korreliert das dreidimensional beschriebene Polygon des Induktionssystems in unserer Modellvorstellung die zu Induktionswirkungen fähigen Quellpunkte Q der drei synthetischen Lagrange Kohärenten Systeme LINE, WSP und CIRCE in einem abstrakten Strömungsraum. Der Strömungsraum selbst besitzt – wie wir das in einer fluidmechanischen Simulation erwarten - an den Systemgrenzen, den (sechs an einem kubischen Strömungsraum existierenden) Modell-INLets und Modell-OUTLets definierte Randbedingungen an den Systemrändern, wie Geschwindigkeiten v∞, Massenströme, (System-) Drücke usw.

Die Eingang-Randbedingungen der Simulation, die Modellspezifikationen für die Polygone der Lagrange Kohärenten Systeme LINE, WSP und CIRCE, sind im Anhang dieses Aufsatzes als Eingabedatenfiles protokolliert. Das Simulationsprogramm gibt Graphiken über die Berechnungsergebnisse der Simulation als dokumentierte Schnitte über das Feld aus. Letztendlich sind die alphanumerischen Berichte über Modellbildung und Berechnungsergebnisse aus der Simulation, Gegenstand des Protokolls dieser Untersuchung. Es sind die Bilanzen über das Feld zu unterscheiden von den Bilanzen an ausgewählten Punkten im Feld. Eine Schar dieser Punkte im Feld bilden einen Analysepfad aus. Für die Modelle der drei synthetischen Lagrange Kohärenten Systeme LINE, WSP und CIRCE sind die Analysepunkte im Feld immer gleich und axial gegenüber der Hauptbewegungsrichtung der Systeme. Im Text werde ich gelegentlich von der „Seele" der drei synthetischen Lagrange Kohärenten Systeme sprechen. Betrachten wir nun die Bilanz von Induktionswirkungen in einem regulärem Strömungsfeld unter Anfangs- und Randbedingungen in generalisierten Modell-Längeneinheiten (LE). Die Tabelle weist darüber hinaus die Dimensionen der erhobenen Induktionsgrößen im (MLT)-Standard aus.

---

[19] [Fel 22-1]   Felgenhauer, Mi. (2022). Zur Fluids within Fluid Phänomenologie. Thoughts on a FwF Phenomenology. GRIN-Verlag GmbH München, ISBN(e-Book): 9783346595799 ISBN (Buch): 9783346595805, VNR: v1172544
[Fel 21-5]   Felgenhauer, Mi. (2021). Implicite Coherent Fluid Systems. Fluid within a Fluid. GRIN-Verlag GmbH München, ISBN(e-Book): 9783346407030. ISBN (Buch): 9783346407047, VNR: v1012490

Ergebnisse der Simulation. Gradienten, Integral- und Mittelwerte.

Die Untersuchung geht der Frage nach, ob sich auf einem Qualitätengelände möglicher Gestaltungsempfehlungen ein Optimum an Impulsmächtigkeit im Felde herauskristallisiert und wenn ja, welche der hier vorgeschlagenen synthetischen Lagrange Kohärenten Systeme LINE, WSP und CIRCE als Favorit dieser Empfehlung hervorgehen wird. Exzellente Forschung beantwortet diese Frage natürlich erst im Schlusssatz, so dass es mir vor dem Hintergrund einer eher die Forschung vorbereitenden Studie angemessen erscheint, das Rätzel gleich am Anfang zu lösen: es ist- natürlich und nach allen theoretischen Erörterungen, erwartungsgemäß – das Modell CIRCE.
CIRCE ist das Modell eines Wirbelrings. Das elektrodynamische Analogon ist die stromdurchflossene Leiterschleife, ein dort - in der Elektrotechnik - gut untersuchtes Präparat von hoher Anschaulichkeit, praktischer Relevanz und Gegenstand aller (elektro-) ingenieurdidaktischen Grundbemühungen.

Bilanzgröße	code	Einheit	Dim.	Bilanz von Induktionswirkungen in einem regulärem Strömungsfeld unter Anfangs- und Randbedingungen			Bemerkungen
				Modell			
				Wirbelfaden	Wirbelspule		
				Line	WSP	CIRCE	
Feld		LE^3	L^3	30X30X30	30X30X30	30X30X30	Euler-Analyseraum
RB1 v_{UE}		$LE\,s^{-1}$	$L\,T^{-1}$	(0.5,0,0)	(0.5,0,0)	(0.5,0,0)	{v_{UE},: (v_{UEX}, v_{UEY}, v_{UEZ})}
CPU-Time		s	T	118.4	120.1	113.6	gemessene Zeit
Fluid within Fluid System (Lagrange)							
FwF-Dimension	pdim	-	-	20	20	20	deklariert
FwF-Länge	pL	LE	L	24.70	24.74	24.69	berechnete Länge
Zirkulation	Γ	$LE^2\,s^{-1}$	$L^2\,T^{-1}$	-25.0	- 25.0	- 25.0	const. Zirkulation
vorticity (spezifisch) bto	c	$LE\,s^{-1}$	$L\,T^{-1}$	378.1	383.2	384.5	mtt. Wirbelstärke, brutto
vorticity (general) bto	ω	s^{-1}	T^{-1}	306.1	309.6	311.5	generalisierte WS, brutto
Induzierte Feldgrößen (Euler)							
Σ Impuls R (noFwF)	p	$LE\,s^{-1}$	$L\,T^{-1}$	13500.00	13500.00	13500.00	Randbedingungs- Feld
Σ Impuls R (brutto)	p	$LE\,s^{-1}$	$L\,T^{-1}$	7562.4	7663.64	7690.74	Brutto-Impulswirkung
Σ Impuls R (netto)	p	$LE\,s^{-1}$	$L\,T^{-1}$	7562.4	6191.48	3499.4	Netto- Impulswirkung
Σ Impuls U (brutto)	p	$LE\,s^{-1}$	$L\,T^{-1}$	60.89	3965.11	5312.90	Brutto-Impulswirkung
Σ Impuls U (netto)	p	$LE\,s^{-1}$	$L\,T^{-1}$	10.12	460.44	829.47	Netto- Impulswirkung
Σ Impuls V (brutto)	p	$LE\,s^{-1}$	$L\,T^{-1}$	4782.00	4344.95	3381.45	Brutto-Impulswirkung
Σ Impuls V (netto)	p	$LE\,s^{-1}$	$L\,T^{-1}$	-829.47	470.91	0.326	Netto- Impulswirkung
Σ Impuls W (brutto)	p	$LE\,s^{-1}$	$L\,T^{-1}$	4806.34	4355.49	3389.53	Brutto-Impulswirkung
Σ Impuls W (netto)	p	$LE\,s^{-1}$	$L\,T^{-1}$	-1036.94	-51.49	0.275	Netto- Impulswirkung

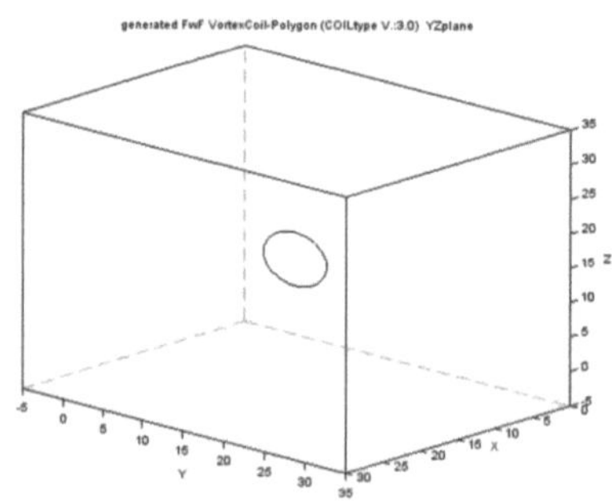

Abb.6: CIRCE, ein Wirbelring.
Die Seele der Struktur ist achsenkonform
der X-Koordinate in einem (30X30X30)
dimensionalen fluidischen Raum.

(Eigene Graphik, Michel Felgenhauer,
Berlin (2021/22)).

Doch nicht alleine dies. Für Helmholtz, der im Übrigen in seiner Theorie über Wirbelfäden keinerlei Scheu besaß, die Gleichwertigkeit in der Anschauung elektrodynamischer und fluidmechanischer Systeme hervorzuheben und dies-bezügliche Fragestellungen mit der universellen Feldtheorie beantwortete, ist der Wirbelring der Grundbaustein aller Überlegungen zur Wirbeltheorie. Dabei kommt die nach ihm benannte Helmholtz-Spule (zwei hinter einander angeord-nete, kreisrunde Drahtschleifen) in der Natur überhaupt nicht vor. Als Strömungsphänomen dient sie vielleicht nur einer theoretischen Ertüchtigung, wie man damals vielleicht doziert hätte?

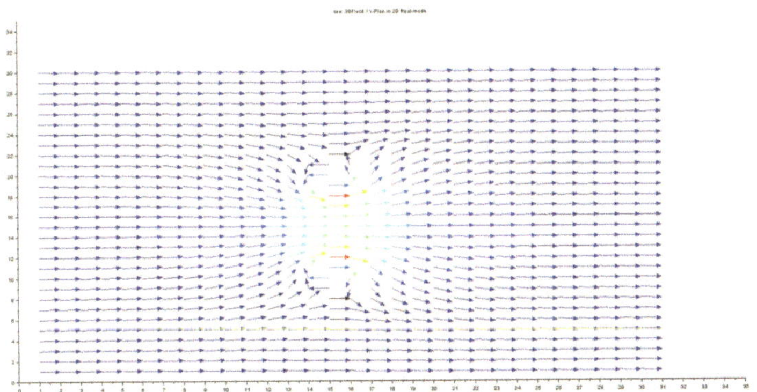

Abb.7: Das von einem Wirbelring CIRCE induzierte Geschwindigkeitsfeld.
(Eigene Graphik, Michel Felgenhauer, Berlin (2021/22)).

Der von CIRCE in das Feld induzierte spezifische Impuls I_{SP} entspricht dem induzierten kumulierten Geschwindigkeitsfeld unter der Randbedingung einer bevorzugten Bewegungsrichtung, respektive der Anfangsgeschwindigkeit v_{UE} am linken Untersuchungsrand in der Abb.7. Sauber verdichtet das Induktionssystem die Feldlinien im Zentrum der Wirbelschleife (ihrer Seele).

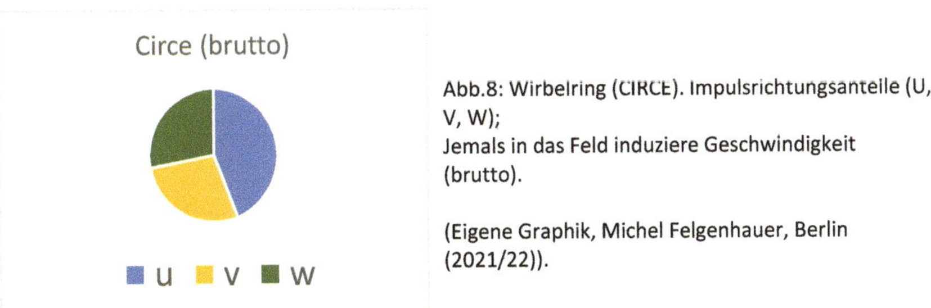

Abb.8: Wirbelring (CIRCE). Impulsrichtungsanteile (U, V, W);
Jemals in das Feld induziere Geschwindigkeit (brutto).

(Eigene Graphik, Michel Felgenhauer, Berlin (2021/22)).

In der der Figur Abb.8. ist die jemals in das Feld induzierte Impulsmächtigkeit dargestellt. Radiale (v,w) und axiale Anteile halten sich in etwa[20] die Waage*. Dennoch: das Feld „fordert" radiale und axiale Anteile aus dem Induktions-geschehen. Und tatsächlich tauchen diese Impulsanteile im Prozess auf. Dieses Bilanz-Bild ist genau das, was uns theoretische Überlegungen nahelegen. Aber es ist eben (nur) die Brutto-Bilanz.

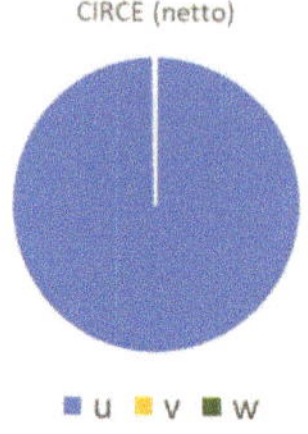

Abb.9: Wirbelring (CIRCE). Impulsrichtungsanteile (U, V, W);
Im Feld wirksame induziere Geschwindigkeit (netto).
(Eigene Graphik, Michel Felgenhauer, Berlin (2021/22)).

In Abb.9. sehen wir das „Berechnungsergebnis" einer Leiterschleife aus dem (Elektrodynamik-) Lehrbuch. Die radialen Anteile (v,w) sind restlos* aus der Bilanz verschwunden. Für den (lehrbuchliebenden) Betrachter setzt CIRCE die aus der Zirkulation stammende Induktion ausschließlich in „Schub" um, also in Impulsanteile, die in der Hauptrichtung (Seele) des Bewegungssystems liegen.

„Ja super!", sagt der Strömungsmechaniker; das ist doch genau Das, was wir sehen wollen: reiner, sauberer Schub!

Das Problem ist: Bei achsenkonformen Lösungen (aus dem Lehrbuch) wird niemals nach den „Kosten" einer Induktion gefragt, etwa so: „was muss ich denn in eine Induktion „investieren", damit eine so hübsche Lösung mit ganz viel Schub am Ende herauskommt?" Das ist das Wesen und das Manko einer Lehrbuch-Lösung, bei der sich vieles herauskürzt. Das Brutto sind die Kosten und das Netto ist der Nutzen im Induktionsprozess. Dazwischen erfolgt die Kompen-sation. „Ware-Geld-Ware" würde Karl Marx sagen: ich muss viel mehr einkaufen, als ich am Ende „umsetzen" kann; was ins (hier kapitalistische) Elend führt.

In der Graphik, Abb.10 sind die jemals in die Strömung eingebrachte Impuls-mächtigkeit der drei vorgeschlagenen synthetischen Lagrange Kohärenten Fluid within Fluid Systeme LINE, WSP und CIRCE einander gegenübergestellt. Der

---

[20] Das geometrische Modell lässt keine vollständig geschlossenen Strukturen zu; in diesem Fall würde ein Koordinaten-Tripel zwei unterschiedliche Punkte der Struktur darstellen, was einer Überschneidung gleichkommt. Die ist aber unzulässig, weil singulär und monopol. Die Ungenauigkeit des Modell stammt aus der (harmonischen) Geometrie-Forderung an das Polygon.*

Umsatz des CIRCE-FwF beträgt weniger als die Hälfte der jemals aufgebrachten Induktion. Wir müssen offenbar unsere Siegeskür ein wenig korrigieren.
Der Leser ist nun wachsam geworden und entscheidet sich nicht vorschnell für das System LINE. Natürlich aus gutem Grund.

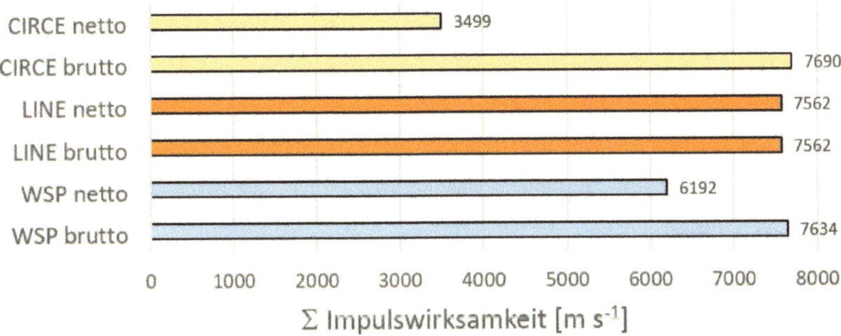

Abb.10: Wirbelspule, Wirbelfaden und Wirbelring (WSP, LINE u. CIRCE). Jemals ins Feld induziere Geschwindigkeit (brutto); Impulswirksamkeit im Feld (netto).
(Eigene Graphik, Michel Felgenhauer, Berlin (2021/22)).

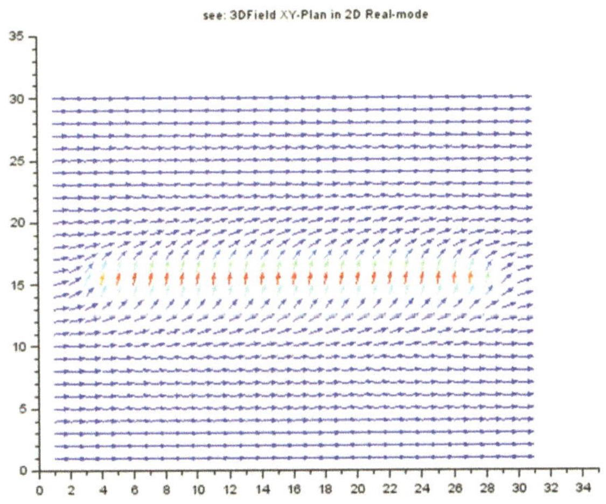

Abb.11: Das vom Modell LINE induzierte Geschwindigkeitsfeld (XYEbene).
(Eigene Graphik, Michel Felgenhauer, Berlin (2021/22)).

Wir sehen in Abb.11.: nahezu die gesamte Induktionswirksamkeit von LINE wird in radiale Anteile umgesetzt. Diese sind radial gegenüber der Hauptbewegungsrichtung (sie stehen senkrecht auf der dieser).

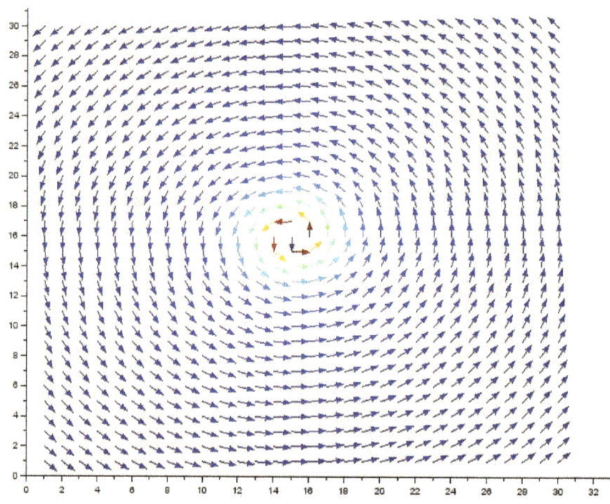

Abb.12: Das von dem Modell LINE induzierte Geschwindigkeitsfeld (zentrale YZEbene). (Eigene Graphik, Michel Felgenhauer, Berlin (2021/22)).

Wir sehen: Umsetzung der Induktionswirksamkeit von LINE in radiale Impuls-Anteile.

Ein Blick auf den Schub oder den Schubgewinn aus dem Induktionsgeschehen um das Modell LINE zeigt eine traurige Bilanz: nada! Dem synthetischen Lagrange Kohärenten Fluid within Fluid Systeme LINE gelingt zwar der vollständige „Umsatz" der in das Fluid eingebrachten Impulswirksamkeit, aber offenbar in die falsche Richtung.

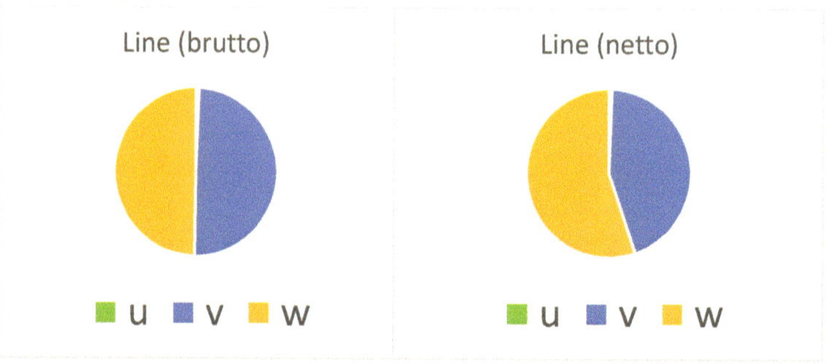

Abb.13:   Wirbelfaden (LINE). Impulsrichtungsanteile (U, V, W); Jemals in das Feld induziere Geschwindigkeit (brutto) links im Bild und im Feld wirksame induziere Geschwindigkeit (netto) rechts im Bild.
(Eigene Graphik, Michel Felgenhauer, Berlin (2021/22)).

Zur Graphik, Abb. 13: Die Schub-Komponente u ist vollständig (<1%) aus der Bilanz und aus der Graphik verschwunden.

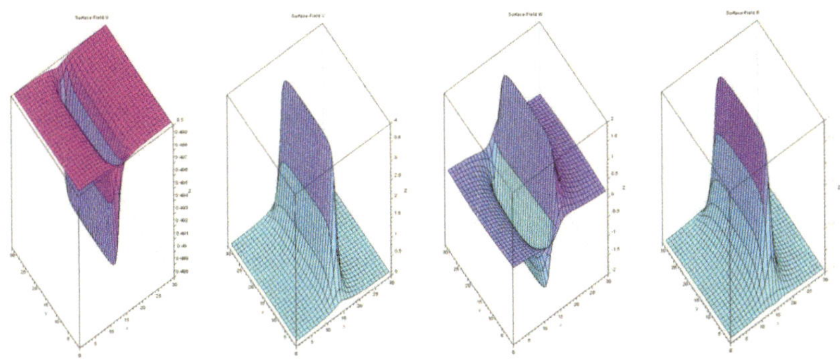

Abb.14: Der spezifische induzierte Impuls I_{SP} in einer Schnittebene (auf der Seele) des Modells LINE als Qualitätsgelände. Richtungsanteile U,V,W und Resultierende (von links nach rechts).
(Eigene Graphik, Michel Felgenhauer, Berlin (2021/22)).

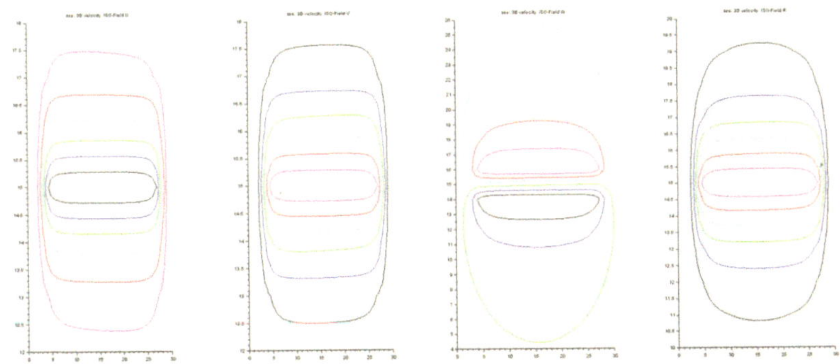

Abb.15: Der spezifische induzierte Impuls I_{SP} in einer Schnittebene (auf der Seele) des Modells LINE als Höhenlinienbild. Richtungsanteile U,V,W und die Resultierende (von links nach rechts).
(Eigene Graphik, Michel Felgenhauer, Berlin (2021/22)).

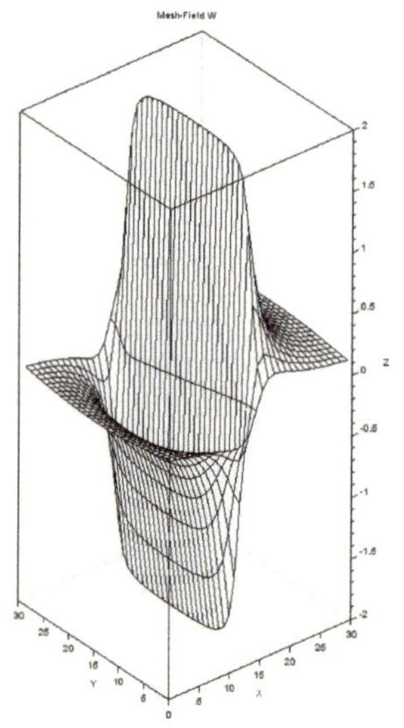

Abb16: Radialkomponente des spezifischen induzierte Impuls I_{SP} in einer Schnittebene (auf der Seele) des Modells LINE als Geländebild.

(Eigene Graphik, Michel Felgenhauer, Berlin (2021/22)).

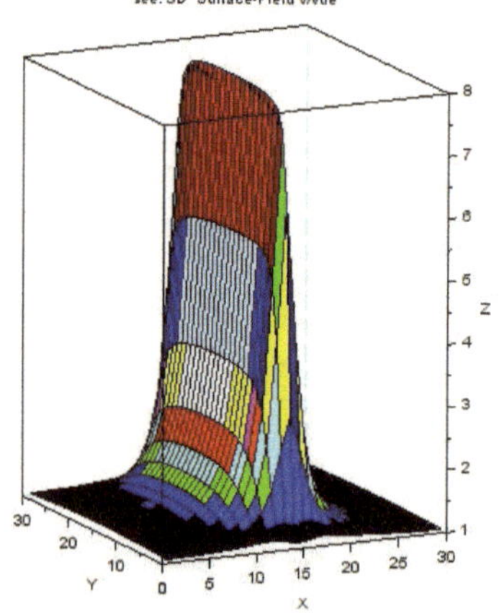

Abb17: Die spezifische resultierende Geschwindigkeit vR/vUE entlang der Seele in einer Schnittebene (XYEbene) des Modells LINE als Geländebild.

(Eigene Graphik, Michel Felgenhauer, Berlin (2021/22)).

Verweilen wir noch einen Moment beim Modell LINE. Die in die Strömung eingebrachte Impulswirksamkeit wird nahezu vollständig in Quer-Anteile umgesetzt oder anders ausgedrückt: es existieren nur die radialen Komponenten. In Abb.11 stehen diese stehen senkrecht auf U und sind deshalb kaum wahrnehmbar. Da wir die Wirkung von Querimpulsen hier nicht untersuchen wollen, wird das Ausmaß an fluidmechanischem Ungemach in den Graphiken nicht unbedingt sichtbar. Aber eine Transformation der gesamten Wirbelenergie quer zu Hauptbewegungsrichtung kann (natürlich) keine Zielvorgabe für eine Gestaltungsempfehlung und ein fortschrittliches Design sein. Aber bevor wir uns von diesem fiktiven Modell eines artifiziellen Wirbelsystems, bei dem die produktiven Schubanteile vollständig verschwinden abwenden, muss erlaubt sein, einen kleinen Verweis auf die gängige Gestaltungspraxis und den Stand der Technik und der Wissenschaft zu platzieren, denn das Modell LINE ist (dort am Stand) von hoher gestaltungsrelevanter Präsenz. Bis auf einige, wenige Ausnahmen beschreibt LINE als Modell das Wirbelgebaren vom Stand der Technik Auftrieb erzeugender Tragflügelsysteme. Die einzige, nicht besonders wirksame Ausnahme bilden Tragflügelsysteme, die am Randbogen so genannte „Winglet" vorweisen. Die Rede ist vom „induzierten Widerstand" Auftrieb erzeugender Systeme.

 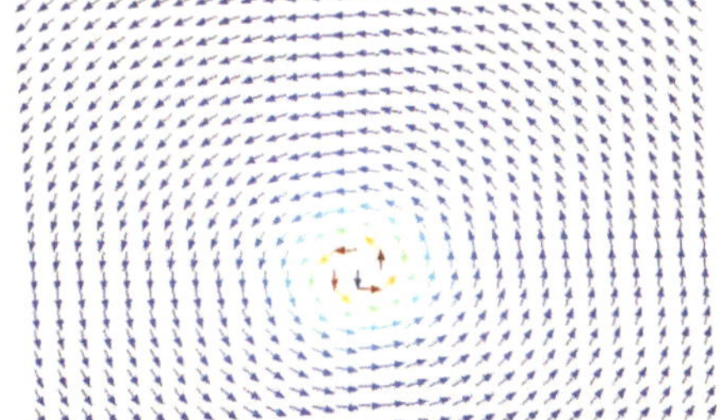

Abb.18,19: Randwirbel. Sichtbarmachung der Randwirbelströmung an einem Ernteflugzeug (links im Bild)[21]. Berechnetes Strömungsbild der FwF-Struktur LINE (YZEbene, rechts).
(Eigene Graphik, Michel Felgenhauer, Berlin (2021/22)).

---

[21] NASA Langley Research Center (NASA-LaRC), Edited by Fir0002 - Diese Mediendatei wurde vom Langley Research Center der US-amerikanischen National Aeronautics and Space Administration (NASA) unter der Datei-ID EL-1996-00130 UND der Alternativen Datei-ID L90-5919 kategorisiert.

Das Bild des spektakulären Randwirbels stammt aus der Dokumentation einer NASA-Studie zu Randwirbeln auf Wallops Island (1996). Der Luftstrom aus dem Flügel dieses landwirtschaftlichen Flugzeugs wird durch eine Technik sichtbar gemacht, bei der farbiger Rauch vom Boden aufsteigt. Der Wirbel an der Flügelspitze zeichnet den Nachlaufwirbel des Flugzeugs nach, der einen starken Einfluss auf das Strömungsfeld hinter dem Flugzeug ausübt. NASA-Forscher untersuchten Wirbelschleppen mit einer Vielzahl von Werkzeugen, von Supercomputern über Windkanäle bis hin zu tatsächlichen Flugtests in Forschungsflugzeugen. Ihr Ziel war es, das Phänomen vollständig zu verstehen und dieses Wissen dann zu nutzen, um ein automatisiertes System zu entwickeln, das sich ändernde Wirbelschleppenbedingungen auf Flughäfen vorhersagen könnte. Piloten wissen zum Beispiel bereits, dass sie sich bei rauem Wetter weniger Gedanken über Wirbelschleppen machen müssen, da diese sich bei Wind schneller auflösen[22].

Die Berechnungsergebnisse aus der Simulation LINE entsprechen den Ergebnissen aus der Freifeldmessung im Prinzip. Der gesamte Nachlauf der Wirbelquelle wird durch das Modell abgebildet; es können beliebige Schnitte in jeder der drei Ebenen XY, YZ und XZ gezogen und jeder Punkt im Feld bilanziert werden. Im Anhang dieses Aufsatzes sind exemplarisch Berechnungsergebnisse für eine Serie von Messpunkten entlang der Seele des Wirbelfadens LINE abgelegt. In weiteren Graphiken werden die Berechnungsergebnisse nachverfolgt, ebenda.

Forschungsbemühungen, das Randwirbelgeschehen und damit auch den induzierten Widerstand an Auftrieb erzeugenden Tragflügelsystemen zu verstehen, waren und sind intensiv, haben aber nicht zu bedeutenden Entwick-lungen auf dem Gebiet der Minderung des induzierten Widerstands an Auftriebsaggregaten geführt. Zugutehalten muss man den Entwicklungsabteilungen der Flugzeughersteller, dass eine Innovation auf diesem Gebiet zulassungsbedingt erst nach zwanzig und mehr Jahren zu einem am Fluggerät realisierten Design führen kann. Umso erstaunlicher ist es vor diesem Hintergrund, dass die prinzipielle Untersuchung von Auftriebsaggregaten und ihren Induktionsgebaren, als sehr schleppend beobachtet wird, denn die Fluidmechanik der Wirbel bedingten Widerstände gilt ja allgemein. Also auch im Medium Wasser, genauer gesagt: Auftriebsaggregate im Unterwasserbereich von Wake-Boards und Surf-Boards bis hin zu Jollen und Yachten. Gerade hier war in der vergangenen Dekade die technische Entwicklung rasant: man hebt das Seefahrzeug von der Phasengrenze ab und entledigt sich einer ganzen Schar lästiger Widerstandsfragen des benetzten Rumpfes. Das Lösungsprinzip ist seit hundert Jahren bekannt, die

---

[22] Auszüge nach: https://de.wikipedia.org/wiki/Wirbelschleppe

technische Ausführung aber blieb lange Zeit einigen wenigen Experimental-objekten überlassen. Insbesondere die windbetriebenen Seefahrzeuge, vornehmlich Jollen, forderten den mutigen Seglern eine Akrobatik an der Grenze zur Unverantwortbarkeit ab. Es ist an erster Stelle den Akteuren in der Konstruk-tionsklasse[23] „Moth" zu verdanken, durch stetes weiterentwickeln der Technik, im Laufe der Jahre zu einer beherrschbaren Praxis des Segelns über Flügel (Foils) zu gelangen. Auch die Forschung hatte ihren Anteil am letztendlichen Erfolg[24]. Das Problem der „foilenden Yacht" erscheint seit dem Americas Cup AC36 (2021) seitens der Anwendungspraxis als prinzipiell gelöst. Allerdings hat man auch hier den Eindruck, dass die technische Entwicklung der Forschung vorangeht. Der geneigte Leser darf sich den Wirbelfaden der von einem Auftriebsaggregat (Yacht-Foil) herrührt, welches bei einer Geschwindigkeit von 56 kn (fast 30 m/s) einen Lift von 60.000 N generiert als „absolut monströs" vorstellen. Diese (vom Feld geforderte) Impulsmächtigkeit – wir sprechen hier von dem dynamischen Hub, den es erfordert, eine schulbus-schwere Yacht etwa einen Meter über eine bewegte Wasseroberfläche zu balancieren – wird, wenn wir unser Modell LINE zu Grunde legen - vollständig in Radialströmung umgesetzt. Man stelle sich das als fluidmechanische Pumpleistung vor. Oder besser nicht. Weil Wirbelsysteme extrem stabil sind, bleiben die (FwF-) Wirbelfäden in einer Tiefe unter der Wasseroberfläche von etwa einem Meter für den Regattabeobachter so lange sichtbar, wie diese Rennyachten im Einzugsbereich der Life-Kamera bleibt (und natürlich darüber hinaus). Alleine dies ist ein unglaubliches physikalisches Spektakel, das dem Betrachter ohne visuelle Hilfsmittel in aller Regel verborgen bleibt. Gleichsam: die Konstrukteure der Rennyachten stelle ich mir dennoch unbeeindruckt vor. Die beiden Entwicklungssyndikate, die für das Design der Rennyachten des nächsten Americas' Cup AC37 in 2024 und damit auch für die Konstruktionsunterlagen der hydrodynamischen Foils in dem Sinne Verantwor-tung tragen, dass sie (die Syndikate) die für alle Teilnehmer des AC verbindlichen Klassenvorschriften[25] vor- und festschreiben, haben keine Möglichkeit einge-räumt, mit gestalterischen Mitteln auf das Widerstandsgebaren Einfluss zu nehmen. Aber vielleicht ist das ja nicht der Sinn von Klassenvorschriften für Rennyachten, das Problem des induzierten Widerstands von Auftriebsag-gregaten im Allgemeinen lösen zu wollen. Und ja, wir haben an anderer Stelle

---

[23] Die International Moth Class (Motte) ist eine Einhand-Segelbootklasse mit einer Länge von 3,35 m.
Eine moderne Motte wird bei ausreichend Wind durch Tragflügel aus dem Wasser gehoben
Bei modernen Motten sind unter dem Rumpf zwei Tragflügel montiert. Die Motte ist eine moderne und schnelle Cat-getakelte Einhandjolle, die hauptsächlich zum Regattasegeln verwendet wird. Sie ist die einzige von World Sailing anerkannte Einhand-Jollen-Konstruktionsklasse. Weil ihre Vermessungsregeln dem Konstrukteur weitgehende Freiheiten erlauben, haben sich schon sehr früh moderne Materialien durchgesetzt.
[24] Eggert, F: (2018) Flight Dynamics and Stability of a Hydrofoiling International Moth with a Dynamic Velocity Prediction Program (DVPP) Master Thesis, TU Berlin Enrolment Number: 321084
[25] https://www.americascup.com/en/official/the-protocol

auf diesem Wissensgebiet in den vergangenen Dekaden diverse Ideen scheitern sehen. Obwohl es theoretisch gesehen, praktisch ganz einfach ist.

Anweisungen für den Koch

Auftriebsaggregate, zu Wasser oder im Medium Luft besitzen in der Regel fluidmechanisch wirksame Tragflügel. Bewegliche oder passiv starre. Natürliche und artifizielle. Betrachten wir also linearbetriebene Flügel, wie wir sie von konventionellen Flugzeugen kennen. Eingedenk der Tatsache, dass Tragflügel auch im Medium Wasser arbeiten, erscheint in einem Lastenheft der Begriff des linear arbeitenden Auftriebsaggregats angemessen insbesondere dann, wenn das allgemeine Lösungsprinzip Mehrflügelsysteme einschließt. Dieses sehr allgemein gehaltene Narrativ vom linear arbeitenden Auftriebsaggregat führt nun auf ein „Erzeugendensystem" für Wirbelfäden. Wirbelfäden im Sinne Helmholtz's, die wir als Lagrange Kohärente Systeme (LCS) betrachten und von denen wir des Weiteren annehmen wollen, dass ihr inneres Milieu dazu taugt, das umgebende Fluid zu organisieren. Poietische[26] Ursache dieses fluidformenden Geschehens ist die Induktionswirksamkeit, die aus dem inneren Milieu dieser Lagrange Kohärenten Wirbelfäden stammt. Diese Wirbelfilamente wurden fortan FwF (Fluid within Fluid-Systeme) genannt.

Gehen wir also gedanklich noch einmal zurück zu den universalen transformatorischen Morphismen und den drei Fluid within Fluid Konfigurationen LINE, WSP und CIRCE. Die Brutto-Netto-Bilanz des FwF-Systems LINE ist total, aber die Impulswirksamkeit wird in einer für das Voranbewegen des Fahrsystems ungeeigneten Weise umgesetzt: sie kommt uns orthogonal quer. Dabei wird die in das Fluid eingetragene Impulswirksamkeit vollständig (mit einem hohen Wirkungsgrad) in ein fluidisches Radialsystem übertragen. Das ist strömungsmechanisch gesehen sehr ungünstig! Gleichsam müssen wir wohl akzeptieren, dass die Auftriebsaggregate aus denen Wirbelsysteme vom Typ LINE stammen, genau jene sind, die wir als typisch für Stand der Technik und der Wissenschaft behandeln (sollen).
Der Wirbelring CIRCE setzt die in das Fluid eingetragene Impulswirksamkeit nahezu ausschließlich in Schub in axiale Richtung um. Das ist strömungsmechanisch gesehen sehr glücklich! Allerdings ist die Übertragung nicht vollständig, weil es – den oben beschriebenen Wechselwirkungen zur Folge - zu Auslöschungen kommt, deren Ursache in der Kreisringgeometrie gründen. In der Konstruktionspraxis ist es nahezu unmöglich, passive Auftriebsaggregate zu entwerfen, die nach dem Prinzip CIRCE funktionieren. Warum ist das so? Ein Wirbelsystem vom CIRCE-Typ entsteht beispielsweise, wenn ein Tragflügel

---

[26] Schöpferische Ursache

rotiert. In diesem extraordinären Fall schneidet eine Auftrieb erzeugende Tragfläche einen kreisförmigen Wirbel in ein vornehm stehendes Fluid; und das Induktionsgeschehen kann beginnen. In der Natur kommen dieserart Wirbelringe nur sehr selten vor. Die Momentaufnahme des Flugs der Frucht des Ahorns wäre solch ein wissenschaftliches Einhorn. Kreisförmige Wirbelringe werden auch mit den Schwimmbewegungen von Molluscen in Verbindung gebracht, oder sie entstehen willkürlich. Helmholtz erregte seiner Zeit mit der Arbeit über „diskontinuierliche Bewegungen" in Flüssigkeiten Aufsehen zum Thema ringförmiger Wirbelstrukturen. Er untersuchte Tropfen, Blasen und Spritzer von Fluiden in Fluiden! Ein bekannt gewordenes und sehr schönes Experiment besteht darin, einen Tintentropfen in Wasser fallen zu lassen[27]. Die Vorgänge sind geringenergetisch und deshalb für die Leserin vielleicht nicht so interessant. Dennoch entstehen dabei ringförmige Wirbelstrukturen, die auf ihre Weise „gemacht" sind; man denke auch an Vorführungen mit Rauchringen, wie sie alte weiße Herren gelegentlich zum Besten geben. In der Technik kann das Modell CIRCE als Fluid within Fluid-System überdies Ausgangspunkt einer neuartigen Propellerphänomenologie sein; in diesem Fall jene eines einarmigen Propellers (Ahorn) respektive des Repellers einarmiger Windkraftanlagen. Die es gab und die es bald wiedergeben wird. Sehr spannend, also. Aber solcherart Gedanken möchte ich an dieser Stelle nicht nachgehen.

Das Wirbelspulen-Modell WSP. Wenden wir den oben beschriebenen Verzerrungs-Morphismus auf das Modell CIRCE an, erhalten wir das spulenförmige FwF-System WSP. Vergleicht man (in Abb.10) die jemals in das Feld induziere Geschwindigkeit (brutto) und mit der Impulswirksamkeit im Feld (netto), werden etwa 80 [pph] übertragen, davon eine gute Hälfte als axial wirksamer Schub.

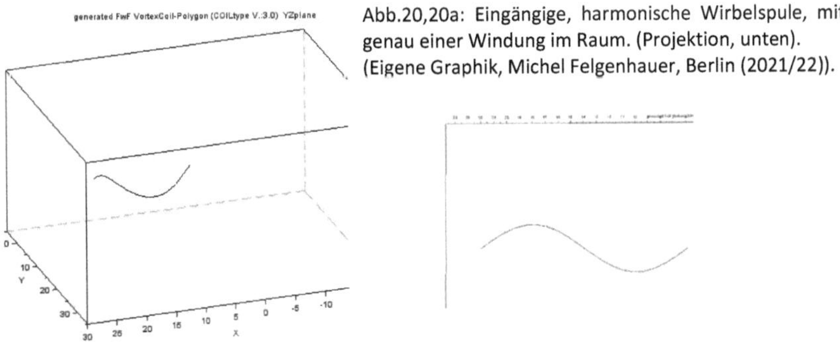

Abb.20,20a: Eingängige, harmonische Wirbelspule, mit genau einer Windung im Raum. (Projektion, unten). (Eigene Graphik, Michel Felgenhauer, Berlin (2021/22)).

---

[27] D'Arcy Thompson, Wentworth (1917) On Growth and Form. Cambridge, The University Press.

Abgesehen davon, dass es das „eingängige" Wirbelspulensystem (mode-1-circulation) in der realen Welt, außer bei besagtem Ahorn oder dem Zufall, in der Natur als passives System nicht gibt und in der Welt der artifiziellen Dinge nicht ganz so leicht herzustellen ist (aus dem Erzeugendensystem einarmige Propeller, Repeller stammend) besitzt dieses synthetische spiralige Fluid within Fluid-System den Scharm absoluter Anschaulichkeit; nicht zuletzt seiner elektrodynamischen Analogie, der gut untersuchten stromdurchflossenen Leiterspule, wegen.

Real existierende Wirbelspulen (up mode-2-circulations), wie sie beim Vogelflug beobachtet werden oder als technische Propeller/Repeller Stand der Technik und der Wissenschaft sind, bedienen die Metapher der in diesem Aufsatz angeführten semantischen Morphismen nicht.

Wir betrachten eine eingängige, harmonische Wirbelspule mit genau einer Windung im Raum. Der Durchmesser beträgt 6LE, die Streckung ist zunächst willkürlich (17LE) in einem (30X30X30 LE) diskretisierten fluidischen Raum.

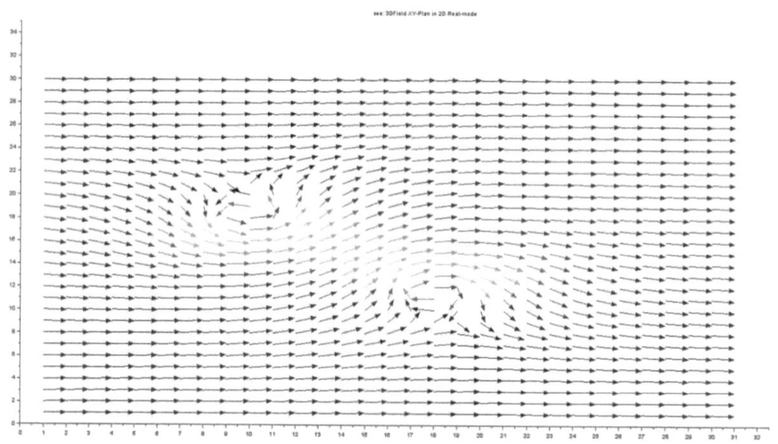

Abb. 21: Das berechnete Strömungsfeld für eine eingängige, harmonische Wirbelspule in der zentralen XYEbene.
(Eigene Graphik, Michel Felgenhauer, Berlin (2021/22)).

Die semantischen Morphismen sorgen für eine konstante Länge der drei Systeme (25LE). Die eingängige, harmonische Wirbelspule zeigt Abb.20. Wir sehen, dass das Fluid within Fluid System den Strömungsraum organisiert derart, dass im Zentrum der eingängigen, harmonischen Wirbelspule die Strömung beschleunigt wird: Strömungsbild in der Schnittebene (FwF-Seele, Abb.21) und Änderung der induzierten Geschwindigkeit in der graphischen Darstellung (Abb.22.) einer Serie von Messpunkten.

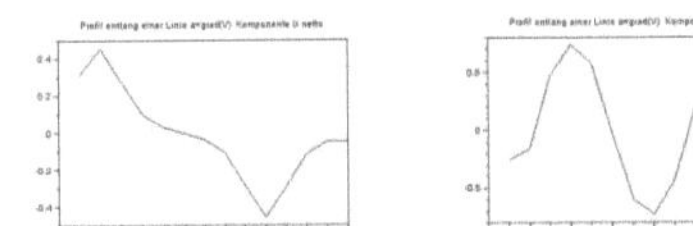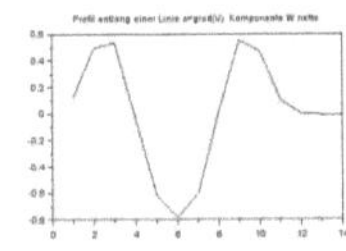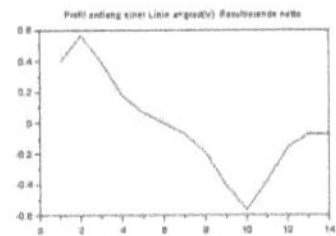

Abb.22: Änderung der (Netto-) Geschwindigkeitskomponenten entlang eines Analyseweges, dU,dV,dW und die Resultierende dV_R(von links nach rechts).
(Eigene Graphik, Michel Felgenhauer, Berlin (2021/22)).

Entlang des Analysepfades sind insgesamt fünf Messsonden platziert. Die erhobenen Strömungsgrößen sind im Anhang dokumentiert. Neben den im Feld „gemessenen" (Netto-) Analysegrößen ist natürlich auch der Verlauf der jemals vom Wirbelspulensystem in das Feld eingebrachten Induktionsgrößen (Brutto) von Bedeutung. Die Darstellung Abb.23 zeigt den entlang der Messstrecke ermittelten spezifischen Impuls I_{SP}.

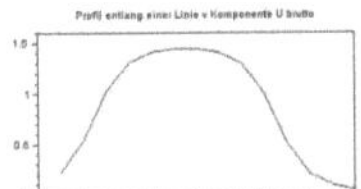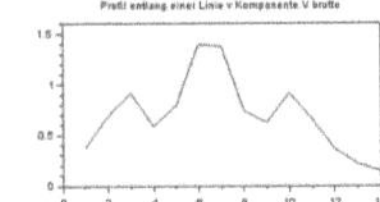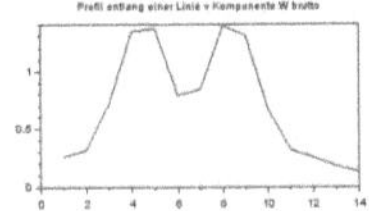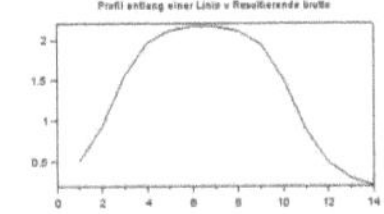

Abb.23: Der spezifische Impuls I_{SP} in der Brutto-Bilanz; Komponenten in u,v,w-Richtung und der resultierende spezifische Impuls (von links nach rechts). entlang eines Analyseweges auf der Seele des FwF-Systems WSP.
(Eigene Graphik, Michel Felgenhauer, Berlin (2021/22)).

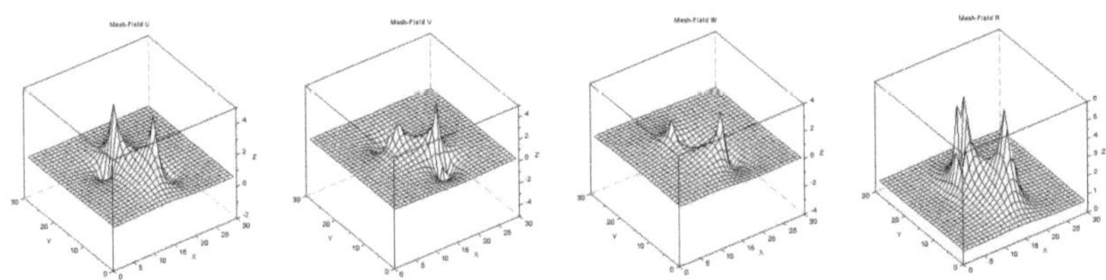

Abb.24: Qualitätsgelände der Komponenten U,V,W und der Resultierenden der wirksamen induzierten Geschwindigkeit im Feld (von links). Die Seele der FwF-Struktur WSP ist in der Schnittebene des Strömungsraumes.
(Eigene Graphik, Michel Felgenhauer, Berlin (2021/22)).

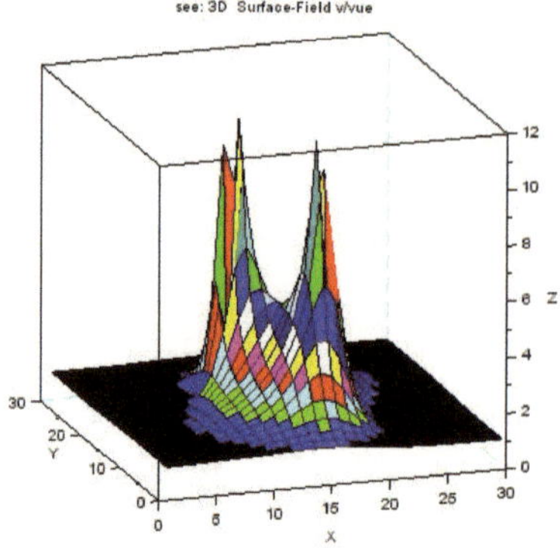

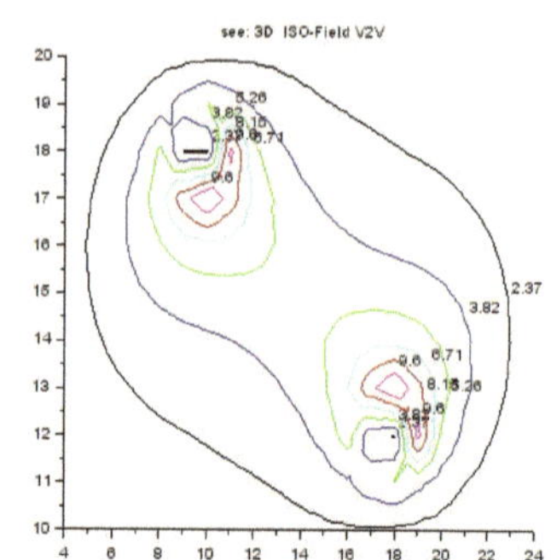

Abb.25: Die spezifische Geschwindigkeit v/V$_{UE}$ im Feld; der Schnitt liegt in der Ebene der Seele des FwF-Systems WSP. Qualitätsgelände der Resultierenden (links im Bild) und als Höhenlinienbild.
(Eigene Graphik, Michel Felgenhauer, Berlin (2021/22)).

Die spezifische Geschwindigkeit v/V$_{UE}$ im Feld besitzt Anteile der Randbedingungsgrößen und der kumulierten induzierten Geschwindigkeiten an jeder Stelle im Raum, bezogen auf ebendiese (reine) Strömungsrandbedingung. Die spezifische Geschwindigkeit v/V$_{UE}$ ist eine gerne verwendete Vergleichsgröße in experimentellen Untersuchungen und dient dort der Untersuchung der Qualität der beobachtbaren Induktion.

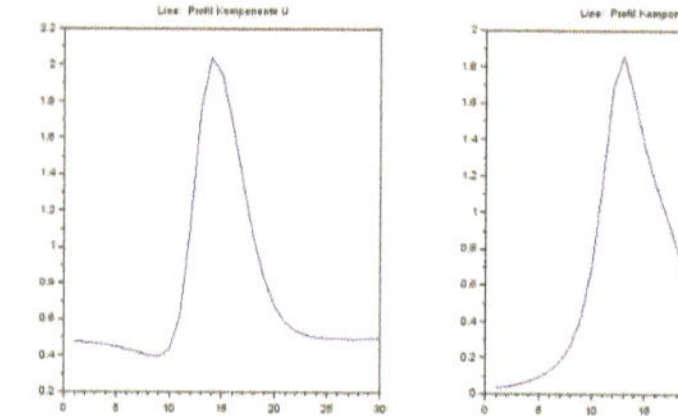
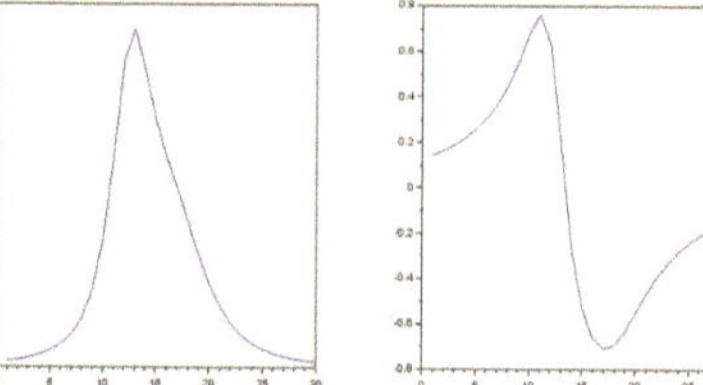
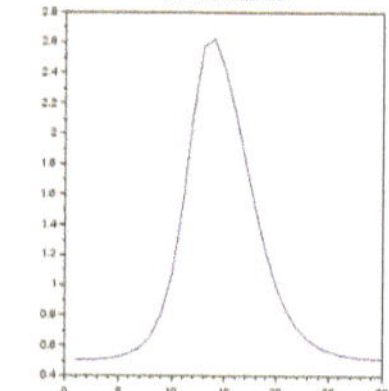

Abb.26: Gradient des spezifischen Impulses entlang einer Linie in der Schnitt-ebene (orthonormal der Seele). Axiale Komponente U und radiale Komponenten V,W und resultierender spezifische Impuls (von links nach rechts).
(Eigene Graphik, Michel Felgenhauer, Berlin (2021/22)).

Der Geschwindigkeitsgradient, respektive der induzierte spezifische Impuls kann entlang einer beliebigen Linie im Strömungsraum erhoben werden. Vorteilhaft aber nicht notwendigerweise bedingt, sind achsenparallele Analyselinien. In dieser Kampagne werden exemplarisch Strömungsdaten entlang einer Linie in der Ebene (15,1<Y<30,15) erhoben. Die Kurven der Graphik (Abb.26) zeigen den Gradienten des spezifischen Impulses entlang dieser Linie.

Das geometrische Mittel, der resultierende spezifische Impuls I_{SP} und seine axiale Komponente U, sowie die Radialkomponente V besitzen ähnlichen Charakter, was für ausgewogene und hinsichtlich der Qualitätsfunktion aus den Design-parametern vorteilhafte geometrische Anordnungen spricht. Die Kurve stammt aus der Netto-Bilanz der Kampagne.

Der fluidische Raum ist das impulsfordernde Feld. Das abstrakte Modell der fluidmechanischen Wirbelspule WSP bringt jemals einen solchen in das Feld induzierten Impuls ein, dessen Richtungsanteile U,V,W in etwa ausgeglichen sind. Das ist die qualitative Brutto-Bilanz (Abb.27, links).

Abb.27: Wirbelspule (WSP). Impulsrichtungsanteile (U, V, W). Jemals in das Feld induziere Geschwindigkeit (links im Bild: BruttoBilanz) und im Feld wirksame induziere Geschwindigkeit (netto). (Eigene Graphik, Michel Felgenhauer, Berlin (2021/22)).

Aus der Kurve der radialen Komponente W in der Schnittliniendarstellung (Abb.26) lesen wir einen eher geringen Beitrag zur Induktionswirkung der fluidmechanischen Wirbelspule WSP ab. Das wird auch mit den Verhältnissen der Nettobilanz der Komponenten sichtbar (Abb.27, rechts).

Kommen wir zu einem Résumé dieser Untersuchung und zum Koch. Die fluid-mechanische Wirbelspule ist eine über ihren Entstehungskontext skalierbare Struktur. Daraus ergeben sich Spielräume für den Konstrukteur. Und Anforde-rungen an ein zielführendes Design. Die physikalischen Wechselwirklichkeiten und fluidmechanischen Verhältnisse bei der Entstehung wohl definierter Wirbelfäden sind heute, im Sommer 2022 keineswegs geklärt. Es sind eher ein phänomenologisches Wissen, gestalterische Erfahrungswerte und Intuition des Kochs, die an einem so komplexen Auftriebsaggregat wie etwa einem Mehrflügel-Tragflächensystem, jene Wirbelstrukturen hervorbringen, die wir später im Betrieb vorteilhaft im Sinne „proper Vortex" nennen werden:

Kompakte, energiereiche, robuste Wirbelfäden! Wirbelfäden, die zusammenhängend sind: kohärent. Energiereich ist ein Wirbel immer dann, wenn er „impulswirksam" genannt werden kann. Das ist nicht selbstverständlich, denn man kann Energie auch wirkungsarm verpulvern, fluidisch verdissipieren! Dann steckt die Energie irgendwie im Wirbel, besitzt aber keinerlei gestaltbildendes, die fluidische Umgebung formendes Potential (im Sinne der Fluids within Fluid).

Und die Energie ist nicht Impuls, sondern seine aufgedonnerte große Schwester, eine Planschkuh, weiß der Koch. Mit ihrer (affektierten) Quadratur der Geschwindigkeit $\{m \cdot v^2\}$ verliert jeder physikalische Impact seine Richtung (wie ein Rührei). Impuls $\{m \cdot v\}$ hingegen ist pfadbehaftet, sagen wir: Impuls ist lagrangeaffin und vom patenten Typ, der taugt. Das fordernde Feld verlangt nach Lagrange kohärenten Wechselwirkungspartnern (nach einem Spiegelei).

Die Induktionswirksamkeit als spezifischer, in das Feld induzierter Impuls, wird mit dem Ansatz von Biot und Savart ermittelt:

Der spezifische Impuls[28] $\qquad I_{SP} \quad = (\Gamma/4/\pi) \cdot ((ds \times \underline{r}) / r^3) \qquad [\text{L} \cdot \text{T}^{-1}]$

Wobei ds der finite Abschnitt entlang des FwF Struktur und $\underline{r}$ der vektorielle Abstand im (Berechnungs-) Raum ist.
Wie zeigt dem Koch sich ein „proper Vortex"? In unserer hübschen Formel aus der Feldtheorie stammend, steht die Zirkulation Γ $[\text{L}^2\text{T}^{-1}]$ für die Güte des den physikalischen Prozess antreibenden Zentripedalsystems. Man weiß nun diese merkwürdige Größe nicht sofort zu deuten. Nahe liegt nun (1) der Gedanke, dass – dort, am Schnittufer eines finiten Wirbelfilaments ds – ein Querschnitt A $[\text{L}^2]$ sich in Rotation befände: n $[\text{T}^{-1}]$ sei seine Drehzahl. Wir sehen förmlich, wie sich die (Schnittufer-) Scheibe dreht und haben jetzt für eine Design-Empfehlung die Qual der Wahl: entweder drehen wir einen fetten Durchmesser ordentlich durch (Traktor), oder wir lassen einen kleinen Querschnitt sauber hochdrehen und setzen damit auf Drehzahl (Suzuki).
Genüsslich (2) rührt der Koch im Brei und spricht: „andererseits verrechnet ihr mit (ds × $\underline{r}$) ein Kreuzprodukt". Das Kreuzprodukt aus der finiten Länge ds des Wirbelfadens mit dem vektoriellen Abstand $\underline{r}$, zum sogenannten Aufpunkt A der Induktionswirkung im Feld! Dort, im Feld, an jedem Aufpunkt kumuliert die (spezifische) induzierte Impulsmächtigkeit $[\text{LT}^{-1}]$ zum erwünschten fluidischen Wechselwirkungsgeschehen. Letztendlich könnte (3) in der Dimensionengleichung das Segment ds [L] der Länge einer Streckenlast entsprechend sein. Am Schnittufer dieses finiten Wirbelfilaments ist dann eine freundliche Größe

---

[28] Wobei ds der finite Abschnitt entlang des FwF Struktur und r der vektorielle Abstand im (Berechnungs-) Raum ist.

messbar, einer Geschwindigkeit vergleichbar oder direkt der spezifischen Impulsmächtigkeit [LT^{-1}] vor Ort. Das wäre sehr anschaulich! Aber ist tatsächlich das der Kern der Wirkung? Sagen wir es so: Der Koch möge beim Einkauf von Zirkulation bitte darauf achten, dass die Intensität eines Wirbelfadens [L^2T^{-1}] eher nicht so hohen geometrischen Anteil [L^2] besitzt, als vielmehr Dynamisches [T^{-1}]. Peperoni statt Rhabarberblätter. Doch die Intensität eines Wirbelfadens bewirkt nicht Alles im Feld. Sprechen wir also ein letztes Mal über Form und Gestalt des Lagreange Kohärenten Fluid within Fluid – Systems (FwF).

In einer Simulation dienen Gestalt wandelnde semantische Morphismen lediglich der Übertragung von Parametern des Designs und Moden und Eigenschaften der Prozessführung, auf ein abstraktes fluidisches Modell. Ein Modell, das geeignet ist, gestalterische und prozessuale Vorgaben in einer fiktiven Welt, der Wirklichkeit - der physikalischen Wechselwirklichkeit – abzubilden. Es war das Ziel der Ausführungen dieser Untersuchungskampagne, den kleinen – aber vielleicht signifikanten – Einstellgrößen in einer abstrakten, fiktiven Welt gewisse Wichtig- und Wertigkeit zuzuordnen, ein „wirbelndes Tun", ein Loop, eine Wirbelschleife, auf ihre Grundfeste zu verdichten. Das Modell CIRCE ist in diesem Sinne die eingefrorene Induktionswirkung in einer reaktiven Ebene. Zu zeigen, was passiert, wenn eine fluidmechanische Spule bis zur „Unkenntlichkeit überdehnt" als oszillatorisch wabernder Wirbelfaden LINE ihr Erzeugendensystem, den Tragflügel also, verlässt? Auf welche Weise sich das Induktionsgeschehen ändert!

Die letzten, letztendlichen Anweisungen für den guten Koch: ein Wirbelfaden, ein Lagrange Kohärentes Wirbelsystem, ein Fluid within Fluid Objekt, verlässt das Auftrieb erzeugende Aggregat. Fließt stromabwärts. Achterlich. In diesem Fall und allen anderen Fällen ist darauf zu achten, dass dieses Wirbelfilament eine wirbelige Form annimmt. Es soll gewunden sein. Das ist keineswegs trivial. Denn Wirbeligkeit ist nicht das Selbstverständliche. Die Wirbeligkeit ist „gemacht". Sie ist Gegenstand eines Schaffens! Die Wirbeligkeit ist Kunst!

Die Verhältnisse bleiben kompliziert und wenig geklärt. Das kennen wir vom Kochen. Wie auch immer Du es auch schaffen magst, forme eine spiralige Gestalt. Sodann wird Alles gut. Im fluidischen Raum und auch sonst.

Michel Felgenhauer im Sommer 2022

Michel Felgenhauer ist das Pseudonym des Motorenbauers Michael Dienst aus
Wiesbaden. Ich lebe und arbeite in Berlin, bin Sprecher der Bionic Research Unit
der Berliner Hochschule für Technik und war Dozent für Bionic Engineering an
der UDK Berlin und am Industrial Design Institut der Hochschule Magdeburg.

Martha Felgenhauer stirbt 1943 als junge Frau in Ziegenhals, Schlesien. Die sie
kannten sagen, wir seien wesensverwandt. Gelegentlich also erzähle ich meiner
Großmutter Geschichten aus der fröhlichen Wissenschaft. Berlin 2022

Bibliographie, Quellen und weiterführende Literatur

[Abbo-59]   Ira H. Abbott, Albert E. von Doenhoff: Theory of Wing Sections: Including a Summary of Airfoil Data.
Dover Publications, New York 1959.

[BaNe-98]   Barthlott, W.; Neinhuis, C.: Lotusblumen und Autolacke – Ultrastruktur pflanzlicher Grenzflächen und biomimetische unverschmutzbare Werkstoffe. Biona Report 12, Schriftenreihe der Wissenschaften und der Literatur, Mainz. Gustav Fischer-Verlag, Stuttgart 1998.

[Bann-02]   Bannasch, Rudolph. Vorbild Natur. In: design report 9/02, S.20ff. Blue. C Verlag Stuttgart: 2002.

[Bapp-99]   Bappert, R. Bionik, Zukunftstechnik lernt von der Natur. SiemensForum München/Berlin und Landesmuseum für Technik und Arbeit in Mannheim (Herausgeber): 1999

[Bech-93]   Bechert, D.W.: Verminderung des Strömungswiderstandes durch bionische Oberflächen. In: VDI-Technologieanalyse Bionik, S. 74 – 77. VDI-Technologie-zentrum Düsseldorf 1993.

[Bech-97]   Bechert, D.W., Biological Surfaces and their Technological Application. 28th AIAA Fluid Dynamics Conference: 1997

[Cal-84]   Calder, W.A. (1984) Size, Function and Life History. Harvard University Press. Cambridge 431pp.

[Curb01]   Manfred Curbach, Harald Michler, Holger Flederer, Dirk Proske Anwendung von Quasi-Zufallszahlen bei der Simulation unter ANSYS 19th CAD-FEM Users' Meeting 2001 October 17-19, 2001 International Congress on FEM Technology. Berlin, Potsdam.

[Dar-17]   D'Arcy Thompson, Wentworth (1917) On Growth and Form. Cambridge, The University Press.

[Dar-06]   D'Arcy Thompson, Wentworth (2006) Über Wachstum und Form, Eichborn Verlag, Frankfurt am Main und Birkhäuser Verlag Basel (1973) ISBN 3-8218-4568-6

[Die 18-2]   Dienst, Mi. (2018) DARCY Transformation. Einige Gedanken zu D'ARCY THOMPSONS THEORIE OF TRANSFORMATION. GRIN-Verlag GmbH München, ISBN(e-Book): 9783668621053, ISBN(Buch): 9783668495197

[Die 16-9]   Dienst, Mi. (2016) THE ORIGIN OF BIOLOGICAL COMPLEX GEAR, Design Intent regarding Surfboard fins with "Intelligent Mechanics, i-mech". GRIN-Verlag GmbH München, ISBN(e-Book): 9783668264779, ISBN(Buch): 9783668264786

[Die15-7]   Dienst, Mi. (2015) Dossier über die Forschung der BIONIC RESEARCH UNIT der Beuth Hochschule für Technik Berlin, GRIN-Verlag GmbH München, ISBN (e-Book): 978-3-668-02183-9, ISBN (Buch) 978-3-668-02184-6.

[Die15-2]   Dienst, Mi. (2015). Das nichtorthodoxe Beaufschlagungs-Bewegungsgebaren von Fischflossen. Intelligent Mechanics in Nature and Design. GRIN-Verlag GmbH München, ISBN (eBook): 978-3-656-87544-4, ISBN (Buch): 978-3-656-87545-1.

[Die13-3]   Dienst, Mi.(2013) Reihenuntersuchung zu Profilkonturen für Leit- und Steuerflächen von Seefahrzeugen. Datenreihe ERpL2050. GRIN-Verlag GmbH München, ISBN 978-3-656-47215-5

[Die11-4]   Dienst, Mi.(2011) Methoden in der Bionik. Die Reynoldsbasierte Fluidische Fitness. GRIN-Verlag GmbH München.

[Die09-4]   Dienst, Mi.(2009) PhysicalModellingdrivenBionics. GRIN-Verlag München.

[Die05-2]   Dienst, Mi., Mirtsch, F. (2005) Artifizielle adaptive Strömungskörper nach dem Vorbild der Natur. Forschungsbericht 30042005 . Kinematiken und Gestaltungsprinzip. Forschungsberichte 2005 der Technischen Fachhochschule Berlin.

[DUB-95]   Dubbel, Handbuch des Maschinenbaus, Springer Verlag Berlin, 15.Auflage 1995.

[Eppl-90]   Richard Eppler: Airfoil Design and Data. Springer, Berlin, New York 1990.

[Fel-18]   Felgenhauer, Mi. (2018) Adaptiv Transformations, "I'll have what D'Arcy's having" Grin Verlag München. KNr.: V425065
ISBN (eBook): 9783668702127, ISBN (Buch) 9783668702134

[Fel-20]   Felgenhauer, M. (2020) Die Verteilung von Induktions-wirkungen Lagrange Kohärenter Objekte. Zur Topographie und Kondition von Geschwindigkeits-feldern. GRIN Verlag, München. ISBN 9783346142146

[Fel - 19-2] Felgenhauer, Mi. (2019) BIONIK UND DIGITALE BILD-VERARBEITUNG Laterale Inhibition und Aktivierung. Grin Verlag München, ISBN(e-Book) 9783668874541, ISBN(Buch): 9783668874558

[Fel -19-1] Felgenhauer, Mi. (2019) MATRIZENVERFAHREN ZUR DIGITALEN BILDVERARBEITUNG. Facettenaugen als Vorbild schneller Algorithmen in der Bildsynthese. Grin Verlag München

[Fel 20-3]   Felgenhauer, Mi. (2020). Synthetische Lundgren-Wirbel und Lagrange Kohärente Objekte. GRIN-Verlag GmbH München,
ISBN(e-Book): 9783346276841, ISBN (Buch): 9783346276858, VNR: V922760

[Fel 20-2]   Felgenhauer, Mi. (2020) Artifizielle Lagrange Kohärente Strukturen. About artificial Lagrangian Coherent Structures. GRIN-Verlag GmbH München, PDF-Version,   ISBN: 9783346285904,   ISBN   (Buch):   9783346285911 Katalognummer. v913092

[Fel 20-1]   Michel Felgenhauer (2020) Synthetische Lundgren-Wirbel und Lagrange Kohärente Objekte, GRIN-Verlag GmbH München, Katalognummer: V922760 ISBN (eBook) 9783346276841, ISBN (Buch) 9783346276858

[Fli-02]   Flindt, R. (2002) Biologie in Zahlen Berlin: Spektrum Akademischer Verl.

[Fren-94]   French, M.: Invention and Evolution: design in nature and engineering. Cambridge University Press. Cambridge 1994.

[Fren-99]   French, M.: Conceptual Design for Engineers. Berlin, Heidelberg, New York, London, Paris, Tokio: Springer: 1999

[Gel-10]   Produktinformation, 05 2010, GELITA 69412 Eberbach. www.gelita.com

[Guen-98]   Günther, B., Morgado, E. (1998) Dimensional analysis and allometric equations concerning Cope's rule.RevistaChilena de Historia Natural 71: 1989

[Gör-75]   Görtler, H. Diemensionsanalyse. Berlin Springer 1975

[Gorr-17]   Edgar Gorrell, S. Martin: Aerofoils and Aerofoil Structural Combinations. In: NACA Technical Report. Nr. 18, 1917.

[Guen-66]   Günther, B., Leon, B. (1966) Theorie of biological Similarities, nondimensional Parameters and invariant Numbers. Bulletin ofMathematicalBiophysics Volume 28, 1966.

[Gutm-89]   Gutmann, W.: Die Evolution hydraulischer Konstruktionen. Verlag W. Kramer: Frankfurt am Main, 1989.

[Hal-10]   G. Haller. (2010) A variational theory of hyperbolic Lagrangian Coherent Structures. Physica D: Nonlinear Phenomena,240(7):574–598,2010.

[Hal-00]   G. Haller, G.Yuan Lagrangian coherent structures and mixing in two dimensional turbulence, Division of Applied Mathematics, Lefschetz Center for Dynamical Systems, Brown University, Providence, RI 02912, USA Received 11 February 2000;

[Hüt-07]   Hütte, 2007, 33. Auflage, Springer Verlag. S.E147

[Hux-32]   Huxley, J.S. (1932) Problems of relative Growth. London: Methuen.

[Kar-35]   Karman von,T. Burgess J.M. (1935) General aerodynamic theory: perfect fluids, In Aerodynamic Theory vol. II (cd. W. F. Durand), p. 308. Leipzig: Springer Verlag.

[Katz-01]   Joseph Katz, Allen Plotkin (2001) Low-Speed Aerodynamics (Cambridge Aerospace Series) Cambridge University Press; 2 edition (February 5, 2001)

[Kra-86] Krasny, R. (1986) Desingularization of Periodic Vortex Sheet Roll-up. Courant Instirute oJ' Mathematical Sciences, New York Unioersity, 251Mercer Street, Nen, York, New York 10012, received November 15, 1981; revised July 25, 1985

[Kra 91]   Krasny, R. (1991) Vortex Sheet Computations: Roll-Up, Wakes, Separation. In: Lectures in Applied Mathematics, Vol.: 28. (1991)

[Liao-03]   Liao, J.C.; Beal, D.; Lauder, G.; Triantayllou, M. Fish Exploting Vortices Decrease Muscle Activty.In: Science 2003, S. 1566-1569. AAAS. 2003.

[Lech-14] Lecheler, S. (2014) Numerische Strömungsberechnung Springer Verlag Berlin Heidelberg. ISBN 978-3-658-05201-0

[Lun-82]T. S. Lundgren, T.S. (1982) Strained spiral vortex model for turbulent fine structure, The Physics of Fluids 25, 2193 (1982); https://doi.org/10.1063/1.863957

[Matt-97]   Mattheck, C.: Design in der Natur. RombachVerlag. Freiburg 1997.

[Man 87]   Mandelbrot, B.B. (1987) Die fraktale Geometrie der Natur. Birkhäuser Verlag. Basel, Boston, Berlin

[Mial-05]   B. Mialon, M. Hepperle: "Flying Wing Aerodynamics Studies at ONERA and DLR", CEAS/KATnet Conference on Key Aerodynamic Technologies, 20.-22. Juni 2005, Bremen.

[Mef-04]   Meffert, B., Hochmut, O. (2004) Werkzeuge der Signalverarbeitung. Pearson-Studium, München.

[Mof-84] Moffatt, K.H. (1984) Simple topological aspects of turbulent vorticity dynamics In: Turbulence and Chaotic Phenomena in Fluids, ed. T. Tatsumi (Elsevier) 223-230.

[Nac-01]   Nachtigall, W. (2001) Biomechanik. Braunschweig: Vieweg Verlag.

[Nach-98]   Nachtigall, W. : Bionik – Grundlagen und Beispiele für Ingenieure und Naturwissenschaftler. Springer-Verlag, Berlin-Heidelberg-New York 1998.

[Nach-00]   Nachtigall, Werner; Blüchel, Kurt. Das große Buch der Bionik. Stuttgart: Deutsche Verlags Anstalt: 2000.

[Oert-11]   Oerteljr., H., Böhle, M., Reviol, Th. (2011) Strömungsmechanik, Grundlagen.Springer Verlag Berlin Heidelberg. ISBN 978-3-8348-8110-6

[Ost-97]   Ostermeier, A. (1997) Schrittweitenadaptation in der Evolutionsstrategie mit einem entstochastisierten Ansatz. Diss. Technische Universität Berlin 1997.

[PaBe-93]   Pahl. G.; Beitz, W.: Konstruktionslehre, 3.Auflage. Berlin-Heidelberg-New York-London-Paris-Tokio: Springer 1993

[Pei 88]   Peitgen, H.O. (1988) Fraktale: Computerexperimente entzaubern komplexe Strukturen. In: 115. Verhandlungen der Gesellschaft Deutscher Naturforscher und Ärzte 17. Bis 20.9 1988. S. 123ff.

[Pflu-96]   Pflumm, W. (1996) Biologie der Säugetiere. Berlin: Blackwell Wissenschaftsverlag.

[Rech-94]   Rechenberg, Ingo. Evolutionsstrategie'94. Frommann-Holzoog Verlag. Stuttgart: 1994.

[Scha-13]   Schade, H. (2013) Strömungslehre. De Gruyter Verlag. ISBN-13: 978-3110292213

[Die 10-5]   Siewert, M; Kleinschrodt, H-D; Krebber, B; Dienst, Mi. (2010) FSI-Analyse autoadaptiver Profile für Strömungsleitflächen. In: Tagungsband, ANSYS Conference & 28th CADFEM Users' Meeting Aachen 2010.

[Schü-02]   Schütt, P., Schuck, H-J., Stimm, B. (2002) Lexikon der Baum- und Straucharten. Nikol, Hamburg, ISBN 3-933203-53-8

[Sun-16]   Sun,P.N., Colagrossi, A. Marrone, S. , Zhang, A.M, (2016) Detection of Lagrangian Coherent Structures in the SPH framework, College of Shipbuilding Engineering, Harbin Engineering University, Harbin 150001, China; CNR-INSEAN, Marine Technology Research Institute, Rome, Italy; Ecole Centrale Nantes, LHEEA Lab. (UMR CNRS), Nantes, France.

[Tham-08]   Siekmann, H.E., Thamsen, P. U. (2008) Strömungslehre Grundlagen, Springer Verlag Berlin Heidelberg. ISBN 978-3-540-73727-8

[Tho-59]   Thompson, D'Arcy, W. (1959) On Growth and Form. London: Cambridge University Press. (Neuauflage der Originalschrift 1907)

[Tho-92]   Thompson, D W., (1992). On Growth and Form. Dover reprint of 1942 2nd ed. (1st ed., 1917). ISBN 0-486-67135-6

[Tria-95]   Triantafyllou, M.: Effizienter Flossenantrieb für Schwimmroboter. In: Spektrum der Wissenschaft 08-1995, S. 66–73. Spektrum der Wissenschaft-Verlagsgesellschaft mbH, Heidelberg 1995.

[Tria-87]   Triantafyllou M., Kupfer K., Bers A. (1987) Absolute instabilities and self-sustained oscillations in the wakes of circular cylinders. Physical Review Letters 59, 1914–1917. ADSCrossRefGoogle Scholar

[Tria-91]   Triantafyllou M., Triantafyllou G. S., Gopalskrishnan R. (1991) Wake Mechanics for Thrust Generation in Oscillating Foils, Physics of Fluids A, 3 (12), pp. 2835–2837.ADSCrossRefGoogle Scholar

[Tria-92]   Triantafyllou M., Triantafyllou G. S., Grosenbaugh M. A. (1992) Optimal Thrust Development in Oscillating Foils with Application to Fish Propulsion, Journal of Fluids and Structures (Accepted for Publication)Google Scholar

[Vos-15-2] M. Voß, H.-D. Klcinschrodt, Mi. Dienst: "Experimentelle und numerische Untersuchung der Fluid-Struktur-Interaktion flexibler Tragflügelprofile", Resarch Day 2015 - Stadt der Zukunft Tagungsband - 21.04.2015, Mensch und Buch Verlag Berlin, S. 180- 184, Hrsg.: M. Gross, S. von Klinski, Beuth Hochschule für Technik Berlin, September 2015, ISBN:978-3-86387-595-4.

[Vos-15-1] M. Voss, P.U. Thamsen, H.-D. Kleinschrodt, Mi. Dienst (2015): "Experimeltal and numerical investigation on fluid-structure-interaction of auto-adaptive flexible foils", Conference on Modelling Fluid Flow (CMFF'15), Budapest, Ungarn, 1.-4. September 2015, ISBN (Buch): 978-963-313-190-9.

[Vos-15-2] M. Voss, (2015) Experimentelle und numerische Untersuchung flexibler Tragflügelprofile. Dissertation, Technische Universität Berlin 2015.

[Zie - 72]   Zierep, J. (1972) Ähnlichkeitsgesetze und Modellregeln der Strömungslehre.

Anhang

Nachtrag:
In diesem Aufsatz wird gelegentlich auf bereits vom Autor veröffentlichtes Material zurückgegriffen. Zur Strömungsmechanik im Zusammenhang mit dem Thema Lagrange Kohärenter Systeme sind in der jüngsten Vergangenheit erschienen:

[Fel 21-5]   Felgenhauer, Mi. (2021). Implicite Coherent Fluid Systems. Fluid within a Fluid. GRIN-Verlag GmbH München, ISBN(e-Book): 9783346407030. ISBN (Buch): 9783346407047, VNR: v1012490

[Fel 21-4]   Felgenhauer, Mi. (2021). Implizit kohärente Fluidsysteme. Fluid within a Fluid. GRIN-Verlag GmbH München, ISBN(e-Book): 9783346407016, ISBN (Buch): 9783346407023, VNR: v1012488

[Fel 21-3]   Felgenhauer, Mi. (2021). Wirbel, Flossen und Kamele. Fluidische Ergänzungen Kohärenter Objekte. GRIN-Verlag GmbH München, ISBN(e-Book): 9783346390257. ISBN (Buch): 9783346390264, VNR: v1005949

[Fel 21-2]   Felgenhauer, Mi. (2021). CIRCE, ein Laborwirbel. About a spiral Lagrange Coherent Object. GRIN-Verlag GmbH München, ISBN (Buch): 9783346376657, VNR: V990559

[Fel 21-1]   Felgenhauer, Mi. (2021). Zur fraktalen Natur synthetischer Lundgren-Strukturen. On the fractal nature of synthetic Lundgren structures. GRIN-Verlag GmbH München,
ISBN(e-book):9783346346193, ISBN (Buch): 9783346346209
VNR: v987098

[Fel 20-3]   Felgenhauer, Mi. (2020). Synthetische Lundgren-Wirbel und Lagrange Kohärente Objekte. GRIN-Verlag GmbH München, ISBN(e-Book): 9783346276841, ISBN (Buch): 9783346276858, VNR: V922760

[Fel 20-2]   Felgenhauer, Mi. (2020) Artifizielle Lagrange Kohärente Strukturen. About artificial Lagrangian Coherent Structures. GRIN-Verlag GmbH München, PDF-Version (pdf), ISBN: 9783346285904, ISBN (Buch): 9783346285911 Katalognummer. v913092

[Fel 20-1]   Felgenhauer, Mi. (2020). Die Verteilung von Induktions-wirkungen Lagrange Kohärenter Objekte. Zur Topographie und Kondition von Geschwindigkeitsfeldern. GRIN-Verlag GmbH München, ISBN (e-Book): 9783346285904, ISBN (Buch): 9783346142146, VNR:535307

[Fel 19-6]   Felgenhauer, Mi. (2019) Über Wirbelschleifen, das Gesetz von Biot und Savart und komplexe Potentiale. About Vortex Loops. ISBN(e-Book 9783668920361, ISBN(Buch): 9783668920378

[Fel 19-5]   Felgenhauer, Mi. (2019) Anmerkungen zur Potentialtheorie und zur Fluidmechanik. Spezielle Auslegung eines universellen Verfahrens. ISBN(e-Book): 9783668908024, ISBN(Buch): 9783668908031

Bildanhang

Beschreibung aus dem Anhang des Aufsatzes

Wake Vortex Study at Wallops Island The air flow from the wing of this agricultural plane is made visible by a technique that uses colored smoke rising from the ground. The swirl at the wingtip traces the aircraft's wake vortex, which exerts a powerful influence on the flow field behind the plane. Because of wake vortex, the Federal Aviation Administration (FAA) requires aircraft to maintain set distances behind each other when they land. A joint NASA-FAA program aimed at boosting airport capacity, however, is aimed at determining conditions under which planes may fly closer together. NASA researchers are studying wake vortex with a variety of tools, from supercomputers, to wind tunnels, to actual flight tests in research aircraft. Their goal is to fully understand the phenomenon, then use that knowledge to create an automated system that could predict changing wake vortex conditions at airports. Pilots already know, for example, that they have to worry less about wake vortex in rough weather because windy conditions cause them to dissipate more rapidly

Simulations- und Berechnungsprotokoll WSP-Modell

```
function test=VinducFWF1492_003_aWSP; //### aus 056_065_28042022 und induz. V nach Katz+Plotkin
// ##### Test:[U,V,W]=INDUZIERTv(10,10,10, 3,3,3, 5,5,5, 1.25);
global DONE BUSY PROCESS
test = BUSY;  pi = 3.14159; timer(); tic(); disp("BUSY: BerechnugsZeit(s)/ CPU-time(s): ",timer());
 GeneralPath = 'C:\Users\Micha\Desktop\LCO_Data'; // PCHomeOffice  C:\Users\Micha\Desktop\LCO_Data
 //GeneralPath = 'C:\Users\Micha\Desktop\LCO_Data';
 // GeneralPath = 'C:\Users\CIP-Labor\Desktop\Buffer'; //C410
 //GeneralPath = 'C:\Users\cip-labor\Desktop\MID\C407Forschung\DATAFiles'; // PC407
 NarraFeed = 0;   ShoFeed = 1;
 // ################ RB + Setting 1 ##########################################
 Idim= 30; Jdim=30; Kdim= 30;  vUEx = 0.50;  vUEy=0.0; vUEz=0.0; Gamma = (-1) *25; vue=0.50;
 Pdim = 20;  rich=1; RA= 3.0;   xpc = 5;   ypc=15; zpc= 15; frq = 1; nz = 1.0; W0=0; xende=22;
 // ################ Simulation   ##########################################
 Poly3 = polygonFwFcoil_X(ShoFeed,NarraFeed,RA,frq,nz,Pdim,W0, xpc,ypc,zpc,xende,Gamma);
 NarraFeed = 0;
 L3 = polygonLAENGE(NarraFeed, Poly3); // Test = OK
 ShoFeed= 0;  NarraFeed = 0;
 Field1 = makeTotal3DflowField(NarraFeed,Idim,Jdim,Kdim,vUEx,vUEy,vUEz,Gamma); // Test = NOK
 ShoFeed= 4; NarraFeed=0;
 Field3 = inducField3D_3(ShoFeed,NarraFeed,Field1,vue,Poly3); // neu aber NOK
 Zpos = 15; narraCall=0; shoFRAME=5;
 Shoa2DplanOfa3DvectorField_XY_3(shoFRAME,narraCall,"see: 3DField",Zpos,Field3); // neu aber NOK
 // narraCall=0; shoFRAME=6; // GeneralPath = 'C:\Users\CIP-Labor\Desktop\Buffer';
 EvalaField3D(shoFRAME,narraCall,GeneralPath,Field3,vUEx,vUEy,vUEz,Gamma,Poly3); // neu aber NOK
 shoFRAME=18; narraCall=1; Snbr = '001'; anax = 10, anay= 15,anaz=15;
 ANALYSE1 =probeField3Dpoint1(shoFRAME,narraCall,GeneralPath,Snbr,Field3,anax,anay,anaz); // neu ab
V052_037
 shoFRAME=18; narraCall=1; Snbr = '002'; anax = 15; anay= 15;anaz=15;
 ANALYSE1 =probeField3Dpoint1(shoFRAME,narraCall,GeneralPath,Snbr,Field3,anax,anay,anaz); // neu ab
V052_037 shoFRAME=18; narraCall=1; Snbr = '001'; anax = 10; anay= 15;anaz=15;
 shoFRAME=18; narraCall=1; Snbr = '003'; anax = 20; anay= 15;anaz=15;
 ANALYSE1 =probeField3Dpoint1(shoFRAME,narraCall,GeneralPath,Snbr,Field1,anax,anay,anaz); // neu ab
V052_037
 shoFRAME=18; narraCall=1; Snbr = '004'; anax = 25; anay= 15;anaz=15;
 ANALYSE1 =probeField3Dpoint1(shoFRAME,narraCall,GeneralPath,Snbr,Field3,anax,anay,anaz); // neu ab
V052_037
 shoFRAME=18; narraCall=1; Snbr = '005'; anax = 30; anay= 15;anaz=15;
 ANALYSE1 =probeField3Dpoint1(shoFRAME,narraCall,GeneralPath,Snbr,Field3,anax,anay,anaz); // neu ab
V052_037
 // ######################### general Graphics  ##################################
 Xpos= 15; Zpos=15; narraCall=1; shoFRAME=7;
 Shoa1DlineOfa3DvectorField_X(shoFRAME,narraCall,'Line: ',Xpos,Zpos,Field3);
 Zpos = 15; narraCall=1; shoFRAME=8;
 Shoa2DSurfPlanOfa3DvectorField_XY(shoFRAME,narraCall,"see: 3DSurfaceField",Zpos,Field3);  // neu aber
NOK
 Zpos = 15; narraCall=1; shoFRAME=9;
 Shoa2DMeshPlanOfa3DvectorField_XY(shoFRAME,narraCall,"see: 3DMeshField",Zpos,Field3);  // neu aber
NOK
 Zpos = 15; narraCall=1; shoFRAME=10;
 Shoa2DConturplanOfa3DvectorField_XY(shoFRAME,narraCall,"see: 3D velocity ",Zpos,Field3);  // neu aber NOK
 Zpos = 15; narraCall=1; shoFRAME=12;
 Shoa2DSurfPlanOfa3DSeedVectorField_XY(shoFRAME,narraCall,"see: 3D seeded Field",Zpos,Field3); // neu aber
NOK
 Zpos = 15; narraCall=1; shoFRAME=13;
 Shoa2DConturplanOfa3DpreassureField_XY(shoFRAME,narraCall,"see: 3D ",Zpos,Field3);
 narraCall=1; shoFRAME=20;
 lxa=1; lya=15; lza=15;   lxe=29; lye=15; lze=15;
 Poly6 =ShoAnyLineOfa3DvectorField(shoFRAME,narraCall,'Profil entlang einer
Linie',Field3,lxa,lya,lza,lxe,lye,lze);
 test= DONE;  disp("DONE: BerechnugsZeit(s): ",toc());
 endfunction;
```

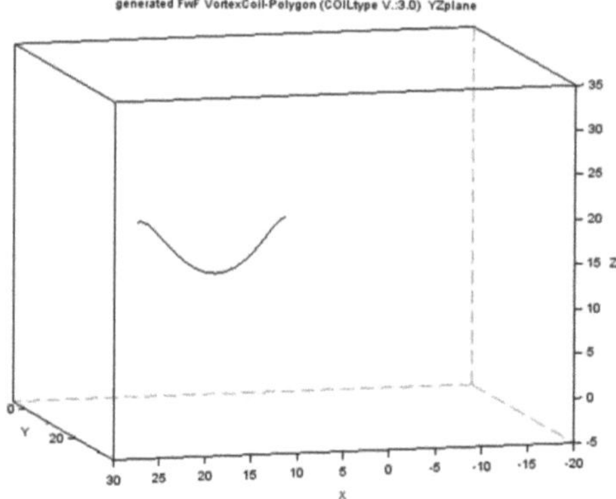

Fluid within Fluid- Polygon in einem (30X30X30) Feld

Eigene Graphik, Michel Felgenhauer, Berlin (2022).

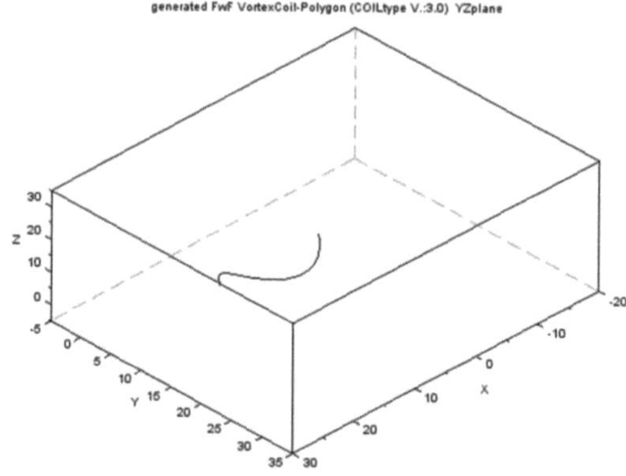

Fluid within Fluid- Polygon in einem (30X30X30) Feld

Eigene Graphik, Michel Felgenhauer, Berlin (2022).

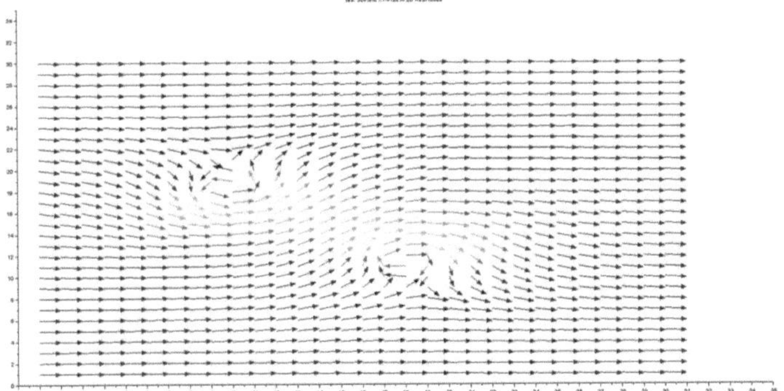

Strömungsbild in der XYEbene (X,Y,15)

Eigene Graphik, Michel Felgenhauer, Berlin (2022).

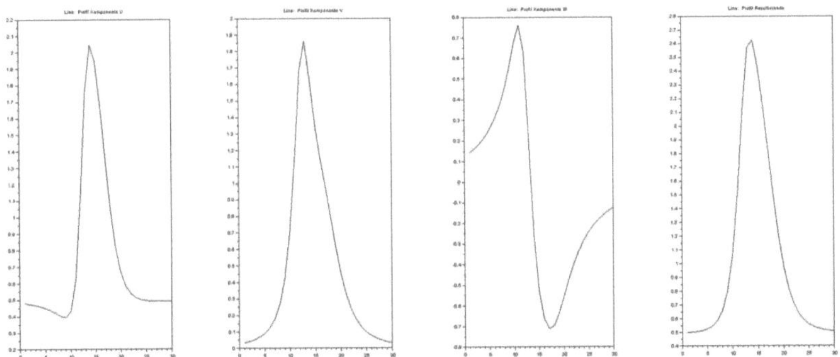

Gradient des spezifischen Impulses entlang einer Linie im Feld (15,Y,15)

Eigene Graphik, Michel Felgenhauer, Berlin (2022).

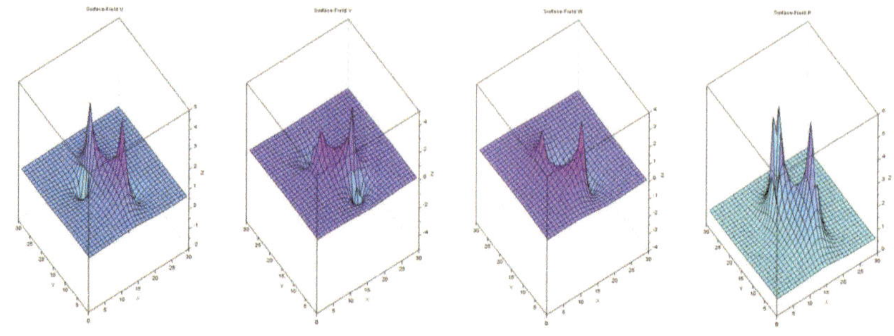

Strömungsbild als Qualitätsgebirge in der XYEbene (X,Y,15)

Eigene Graphik, Michel Felgenhauer, Berlin (2022).

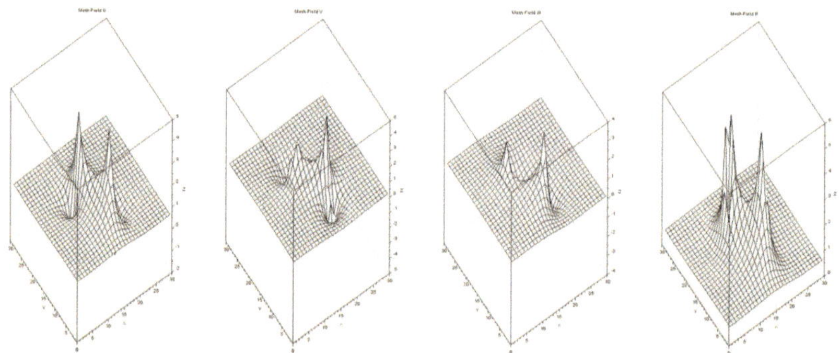

Strömungsbild als Qualitätsgebirge in der XYEbene (X,Y,15)

Eigene Graphik, Michel Felgenhauer, Berlin (2022).

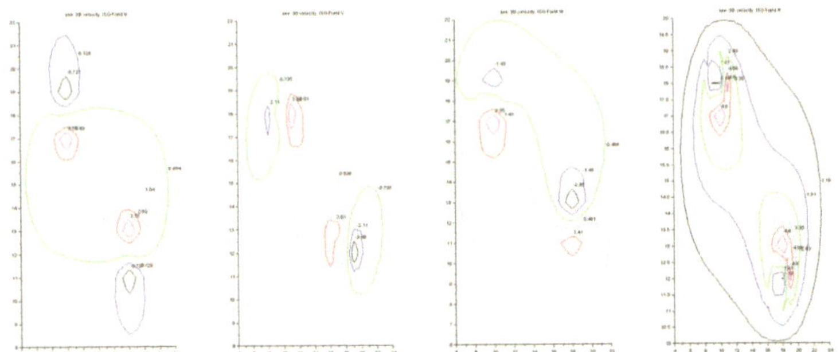

Strömungsgrößen als Höhenliniendiagramm in der XYEbene (X,Y,15)

Eigene Graphik, Michel Felgenhauer, Berlin (2022).

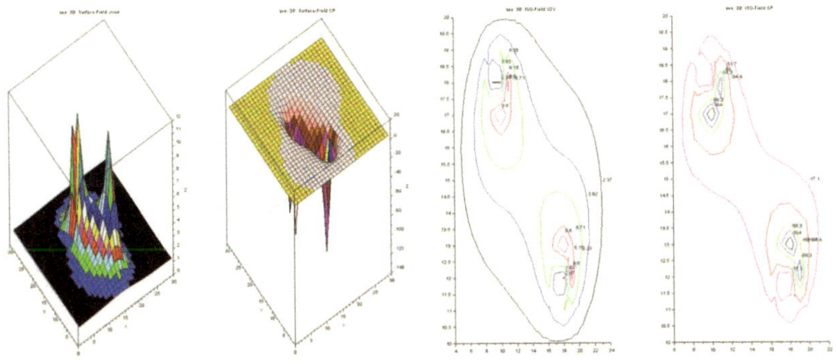

Strömungsgrößen als Höhenliniendiagramm in der XYEbene (X,Y,15)

Eigene Graphik, Michel Felgenhauer, Berlin (2022).

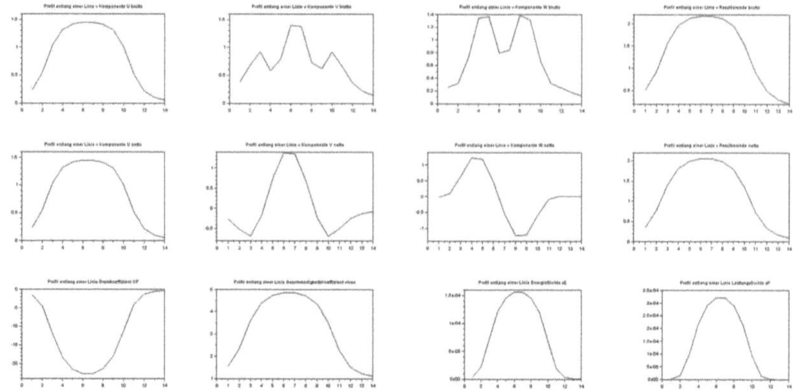

Strömungsgrößen entlang eines Analysepfades

Eigene Graphik, Michel Felgenhauer, Berlin (2022).

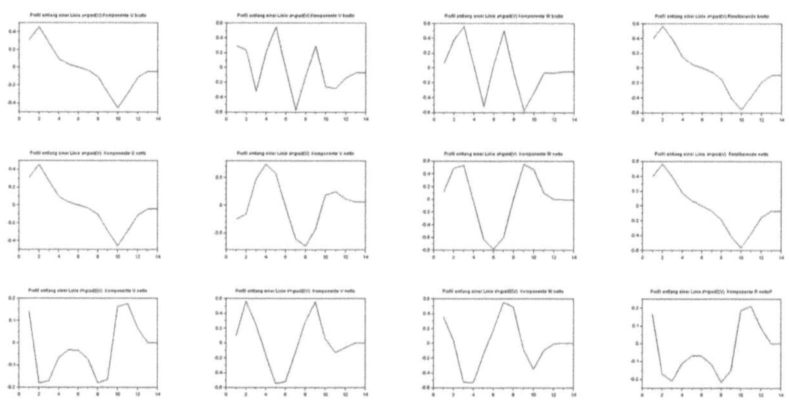

Strömungsgrößen entlang eines Analysepfade
Eigene Graphik, Michel Felgenhauer, Berlin (2022).

```
#################################################################
###    lokale Analyse des Strömungsfeldes (Induktionswirkung)    ###
###    Integral,- Bilanz,- und Mittelwerte                        ###
###    an einem ausgesuchten Punkt im Feld (SONDE)                ###
###    Kampagne K000.000 18022022-1                               ###
###    Version: Vinduc_052_041                                    ###
###                                                               ###
#################################################################
### CODED: bionic research unit berlin (2022)  ####################
# Speicherort C:\Users\Micha\Desktop\LCO_Data\anyPointBILANZ001.txt
# Analyse-Nr: 001
#################################################################
#####  Modell-Raum und Analyse-Raum                    ##########
fluidroom dimension          X-Dim:   30
fluidroom dimension          Y-Dim:   30
fluidroom dimension          Z-Dim:   30
lokal target    Point X in fluidroom:  10
lokal target    Point Y in fluidroom:  15
lokal target    Point Z in fluidroom:  15
#################################################################
##### Induktionswirkung an einem Punkt im Feld         ##########
#####          (BRUTTO)                                ##########
##### jemals eingekoppelte Induktionswirkung (kumuliert)  ##########
#####                                                  ##########
##   cum U(xyz)b                [m/s]  1.3798109
##   cum V(xyz)b                [m/s]  0.4134243
##   cum W(xyz)b                [m/s]  1.445797
##   cum R(xyz)b                [m/s]  2.0408643
##
##   cum Impuls(xyz)b           [Nm/s] 2.0408643
##   cum Energie(xyz)b           [Nm] 4.1651269
##   cum Leistung(xyz)b           [J] 8.5004586
##   spez.ImpulsDichte(xyz)b [Nm/s/m3] 0.0000756
##   spez.EnergieDichte(xyz)b   [W/m3] 0.0001543
##   spez.LeistungsDichte(xyz)b [J/m3] 0.0003148
#####                                                  ##########
#################################################################
##### Induktionswirkung an einem Punkt im Feld         ##########
#####          (NETTO)                                 ##########
##### scheinbar eingekoppelte Induktionswirkung (kum.)  ##########
#####                                                  ##########
##   cum U(xyz)n                [m/s]  1.3798109
##   cum V(xyz)n                [m/s]  0.2736088
##   cum W(xyz)n                [m/s]  1.3057474
##   cum R(xyz)n                [m/s]  1.919301
##
##   cum Impuls(xyz)n           [Nm/s] 1.919301
##   cum Energie(xyz)n           [Nm] 3.6837162
##   cum Leistung(xyz)n           [J] 7.0701601
##   spez.ImpulsDichte(xyz)n [Nm/s/m3] 0.0000711
##   spez.EnergieDichte(xyz)n   [W/m3] 0.0001364
##   spez.LeistungsDichte(xyz)n [J/m3] 0.0002619
##
#####   lokaler Geschwindigkeits - und Druckkoeffizient
###########
##   Point X in fluidroom:  10
```

```
##   Point Y in fluidroom:   15
##   Point Z in fluidroom:   15
##   spez. Geschwindigkeit    v/Vue    4.6102169
##   spez. Druckkoeffizient     cp      -20.2541
###################################################################
###################################################################
########### eof ###################################################
```

```
###############################################################
###    lokale Analyse des Strömungsfeldes (Induktionswirkung)    ###
###    Integral,- Bilanz,- und Mittelwerte                       ###
###    an einem ausgesuchten Punkt im Feld (SONDE)               ###
###    Kampagne K000.000 18022022-1                              ###
###    Version: Vinduc_052_041                                   ###
###                                                              ###
###############################################################
### CODED: bionic research unit berlin (2022)  ####################
# Speicherort C:\Users\Micha\Desktop\LCO_Data\anyPointBILANZ002.txt
# Analyse-Nr: 002
###############################################################
#####  Modell-Raum und Analyse-Raum                     ##########
fluidroom dimension          X-Dim:   30
fluidroom dimension          Y-Dim:   30
fluidroom dimension          Z-Dim:   30
lokal target    Point X in fluidroom:  15
lokal target    Point Y in fluidroom:  15
lokal target    Point Z in fluidroom:  15
###############################################################
##### Induktionswirkung an einem Punkt im Feld          ##########
#####           (BRUTTO)                                ##########
##### jemals eingekoppelte Induktionswirkung (kumuliert) ##########
#####                                                   ##########
##   cum U(xyz)b                  [m/s]  1.4478
##   cum V(xyz)b                  [m/s]  1.3761455
##   cum W(xyz)b                  [m/s]  0.8411748
##   cum R(xyz)b                  [m/s]  2.1673663
##
##   cum Impuls(xyz)b             [Nm/s] 2.1673663
##   cum Energie(xyz)b             [Nm]  4.6974765
##   cum Leistung(xyz)b             [J]  10.181152
##   spez.ImpulsDichte(xyz)b [Nm/s/m3] 0.0000803
##   spez.EnergieDichte(xyz)b   [W/m3] 0.000174
##   spez.LeistungsDichte(xyz)b [J/m3] 0.0003771
#####                                                   ##########
###############################################################
##### Induktionswirkung an einem Punkt im Feld          ##########
#####           (NETTO)                                 ##########
##### scheinbar eingekoppelte Induktionswirkung (kum.)   ##########
#####                                                   ##########
##   cum U(xyz)n                  [m/s]  1.4478
##   cum V(xyz)n                  [m/s]  1.3559013
##   cum W(xyz)n                  [m/s]  -0.5307084
##   cum R(xyz)n                  [m/s]  2.0533496
##
##   cum Impuls(xyz)n             [Nm/s] 2.0533496
##   cum Energie(xyz)n             [Nm]  4.2162448
##   cum Leistung(xyz)n             [J]  8.6574247
##   spez.ImpulsDichte(xyz)n [Nm/s/m3] 0.000076
##   spez.EnergieDichte(xyz)n   [W/m3] 0.0001562
##   spez.LeistungsDichte(xyz)n [J/m3] 0.0003206
##
#####   lokaler Geschwindigkeits - und Druckkoeffizient
##########
##   Point X in fluidroom:   15
```

```
##   Point Y in fluidroom:   15
##   Point Z in fluidroom:   15
##   spez. Geschwindigkeit     v/Vue    4.8637609
##   spez. Druckkoeffizient      cp     -22.65617
###################################################################
###################################################################
########## eof ####################################################
```

```
#########################################################################
###    lokale Analyse des Strömungsfeldes (Induktionswirkung)      ###
###    Integral,- Bilanz,- und Mittelwerte                         ###
###    an einem ausgesuchten Punkt im Feld (SONDE)                 ###
###    Kampagne K000.000 18022022-1                                ###
###    Version: Vinduc_052_041                                     ###
###                                                                ###
#########################################################################
### CODED: bionic research unit berlin (2022)  #######################
# Speicherort C:\Users\Micha\Desktop\LCO_Data\anyPointBILANZ003.txt
# Analyse-Nr: 003
#########################################################################
#####  Modell-Raum und Analyse-Raum                        ##########
fluidroom dimension            X-Dim:   30
fluidroom dimension            Y-Dim:   30
fluidroom dimension            Z-Dim:   30
lokal target    Point X in fluidroom:   20
lokal target    Point Y in fluidroom:   15
lokal target    Point Z in fluidroom:   15
#########################################################################
##### Induktionswirkung an einem Punkt im Feld             ##########
#####           (BRUTTO)                                   ##########
##### jemals eingekoppelte Induktionswirkung (kumuliert)   ##########
#####                                                      ##########
##   cum U(xyz)b                   [m/s]   0
##   cum V(xyz)b                   [m/s]   0
##   cum W(xyz)b                   [m/s]   0
##   cum R(xyz)b                   [m/s]   0
##
##   cum Impuls(xyz)b              [Nm/s]  0
##   cum Energie(xyz)b              [Nm]   0
##   cum Leistung(xyz)b              [J]   0
##   spez.ImpulsDichte(xyz)b [Nm/s/m3]  0
##   spez.EnergieDichte(xyz)b    [W/m3]  0
##   spez.LeistungsDichte(xyz)b [J/m3]  0
#####                                                      ##########
#########################################################################
##### Induktionswirkung an einem Punkt im Feld             ##########
#####           (NETTO)                                    ##########
##### scheinbar eingekoppelte Induktionswirkung (kum.)     ##########
#####                                                      ##########
##   cum U(xyz)n                   [m/s]   0
##   cum V(xyz)n                   [m/s]   0
##   cum W(xyz)n                   [m/s]   0
##   cum R(xyz)n                   [m/s]   0
##
##   cum Impuls(xyz)n              [Nm/s]  0
##   cum Energie(xyz)n              [Nm]   0
##   cum Leistung(xyz)n              [J]   0
##   spez.ImpulsDichte(xyz)n [Nm/s/m3]  0
##   spez.EnergieDichte(xyz)n    [W/m3]  0
##   spez.LeistungsDichte(xyz)n [J/m3]  0
##
#####    lokaler Geschwindigkeits - und Druckkoeffizient
###########
##   Point X in fluidroom:   20
```

```
##   Point Y in fluidroom:   15
##   Point Z in fluidroom:   15
##   spez. Geschwindigkeit      v/Vue    0
##   spez. Druckkoeffizient      cp      0
################################################################
################################################################
########## eof
##################################################
```

```
################################################################
###    lokale Analyse des Strömungsfeldes (Induktionswirkung)    ###
###    Integral,- Bilanz,- und Mittelwerte                       ###
###    an einem ausgesuchten Punkt im Feld (SONDE)               ###
###    Kampagne K000.000 18022022-1                              ###
###    Version: Vinduc_052_041                                   ###
###                                                              ###
################################################################
### CODED: bionic research unit berlin (2022)  ####################
# Speicherort C:\Users\Micha\Desktop\LCO_Data\anyPointBILANZ004.txt
# Analyse-Nr: 004
################################################################
#####  Modell-Raum und Analyse-Raum                     ##########
fluidroom dimension          X-Dim:   30
fluidroom dimension          Y-Dim:   30
fluidroom dimension          Z-Dim:   30
lokal target    Point X in fluidroom:   25
lokal target    Point Y in fluidroom:   15
lokal target    Point Z in fluidroom:   15
################################################################
##### Induktionswirkung an einem Punkt im Feld          ##########
#####           (BRUTTO)                                ##########
##### jemals eingekoppelte Induktionswirkung (kumuliert) ##########
#####                                                   ##########
##   cum U(xyz)b               [m/s]  0.2149178
##   cum V(xyz)b               [m/s]  0.3602171
##   cum W(xyz)b               [m/s]  0.2518836
##   cum R(xyz)b               [m/s]  0.4892763
##
##   cum Impuls(xyz)b          [Nm/s] 0.4892763
##   cum Energie(xyz)b          [Nm]  0.2393913
##   cum Leistung(xyz)b          [J]  0.1171285
##   spez.ImpulsDichte(xyz)b [Nm/s/m3] 0.0000181
##   spez.EnergieDichte(xyz)b   [W/m3] 0.0000089
##   spez.LeistungsDichte(xyz)b [J/m3] 0.0000043
#####                                                   ##########
################################################################
##### Induktionswirkung an einem Punkt im Feld          ##########
#####           (NETTO)                                 ##########
##### scheinbar eingekoppelte Induktionswirkung (kum.)  ##########
#####                                                   ##########
##   cum U(xyz)n               [m/s]  0.2149178
##   cum V(xyz)n               [m/s]  -0.246067
##   cum W(xyz)n               [m/s]  0.019135
##   cum R(xyz)n               [m/s]  0.3272686
##
##   cum Impuls(xyz)n          [Nm/s] 0.3272686
##   cum Energie(xyz)n          [Nm]  0.1071048
##   cum Leistung(xyz)n          [J]  0.035052
##   spez.ImpulsDichte(xyz)n [Nm/s/m3] 0.0000121
##   spez.EnergieDichte(xyz)n   [W/m3] 0.000004
##   spez.LeistungsDichte(xyz)n [J/m3] 0.0000013
##
#####   lokaler Geschwindigkeits - und Druckkoeffizient
##########
##   Point X in fluidroom:   25
```

```
##   Point Y in fluidroom:   15
##   Point Z in fluidroom:   15
##   spez. Geschwindigkeit    v/Vue   1.5126431
##   spez. Druckkoeffizient      cp   -1.2880892
###################################################################
########## eof ####################################################
```

```
###########################################################################
###    lokale Analyse des Strömungsfeldes (Induktionswirkung)       ###
###    Integral,- Bilanz,- und Mittelwerte                          ###
###    an einem ausgesuchten Punkt im Feld (SONDE)                  ###
###    Kampagne K000.000 18022022-1                                 ###
###    Version: Vinduc_052_041                                      ###
###                                                                 ###
###########################################################################
### CODED: bionic research unit berlin (2022)  ####################
# Speicherort C:\Users\Micha\Desktop\LCO_Data\anyPointBILANZ005.txt
# Analyse-Nr: 005
###########################################################################
#####  Modell-Raum und Analyse-Raum                        ##########
fluidroom dimension            X-Dim:   30
fluidroom dimension            Y-Dim:   30
fluidroom dimension            Z-Dim:   30
lokal target    Point X in fluidroom:   30
lokal target    Point Y in fluidroom:   15
lokal target    Point Z in fluidroom:   15
###########################################################################
##### Induktionswirkung an einem Punkt im Feld            ##########
#####          (BRUTTO)                                   ##########
##### jemals eingekoppelte Induktionswirkung (kumuliert)  ##########
#####                                                     ##########
##   cum U(xyz)b              [m/s]   0.0426503
##   cum V(xyz)b              [m/s]   0.1225965
##   cum W(xyz)b              [m/s]   0.110682
##   cum R(xyz)b              [m/s]   0.1705856
##
##   cum Impuls(xyz)b         [Nm/s]  0.1705856
##   cum Energie(xyz)b         [Nm]   0.0290994
##   cum Leistung(xyz)b         [J]   0.0049639
##   spez.ImpulsDichte(xyz)b [Nm/s/m3] 0.0000063
##   spez.EnergieDichte(xyz)b  [W/m3]  0.0000011
##   spez.LeistungsDichte(xyz)b [J/m3] 0.0000002
#####                                                     ##########
###########################################################################
##### Induktionswirkung an einem Punkt im Feld            ##########
#####          (NETTO)                                    ##########
##### scheinbar eingekoppelte Induktionswirkung (kum.)    ##########
#####                                                     ##########
##   cum U(xyz)n              [m/s]   0.0426503
##   cum V(xyz)n              [m/s]  -0.0606371
##   cum W(xyz)n              [m/s]   0.0104854
##   cum R(xyz)n              [m/s]   0.0748722
##
##   cum Impuls(xyz)n         [Nm/s]  0.0748722
##   cum Energie(xyz)n         [Nm]   0.0056059
##   cum Leistung(xyz)n         [J]   0.0004197
##   spez.ImpulsDichte(xyz)n [Nm/s/m3] 0.0000028
##   spez.EnergieDichte(xyz)n  [W/m3]  0.0000002
##   spez.LeistungsDichte(xyz)n [J/m3] 1.555D-08
##
#####   lokaler Geschwindigkeits - und Druckkoeffizient
##########
##   Point X in fluidroom:   30
```

```
##   Point Y in fluidroom:   15
##   Point Z in fluidroom:   15
##   spez. Geschwindigkeit    v/Vue    1.0922565
##   spez. Druckkoeffizient     cp     -0.1930243
############################################################
############################################################
########### eof ############################################
```

```
###################################################################
###    Analyse des Strömungsfeldes unter Induktionswirkung    ###
###    Integral- Bilanz- und Mittelwerte                      ###
###                                                            ###
###    Kampagne K000.000 23022022-1                           ###
###    Version: Vinduc_052_047                                ###
###                                                            ###
###################################################################
### CODED: bionic research unit berlin (2022)  ###################
# Speicherort C:\Users\Micha\Desktop\LCO_Data\anyField_anyBILANZ.txt
# CPU-Time [s] 115.42188
# realTime [s] 115.227
###################################################################
#####   Modell-Raum und Analyse-Raum                   ##########
fluidroom dimension           X:   30
fluidroom dimension           Y:   30
fluidroom dimension           Z:   30
analyse room dim.             aX:  30
analyse room dim.             aY:  30
analyse room dim.             aZ:  30
###################################################################
#####   dynamische Randbedingungen                     #########
dyn. RB: Vue-x:          [m/s]  0.5
dyn. RB: Vue-y:          [m/s]  0
dyn. RB: Vue-z:          [m/s]  0
dyn. RB: Zirkulation G:  [m2/s]  -25
###################################################################
##### V-Komponenten im Feld ohne Induktionswirkung     ##########
  cumU(xyz)              [m/s]  13500
  cumV(xyz)              [m/s]  0
  cumW(xyz)              [m/s]  0
  cumR(xyz)              [m/s]  13500
###################################################################
##### energetische Bilanz im Feld ohne Induktionswirkung ##########
#####          BILANZ                                  ##########
###################################################################
Impuls-Äquivalent       10E3 [m/s]  13.5
Energie-Äquivalent      10E3  [J]   182250
Leistungs-Äquivalent    10E6  [W]   2460375
###################################################################
##### Induktionswirkung im Feld       ############################
##### V-Komponenten im Feld (BRUTTO) #############################
##### jemals eingekoppelte Induktionswirkung (kumuliert)  #########
###################################################################
  cum U(xyz)              [m/s]   3965.1114
  cum V(xyz)              [m/s]   4344.9503
  cum W(xyz)              [m/s]   4355.4927
  cum R(xyz)              [m/s]   7663.6374
###################################################################
##### InduktionsWirkung im Feld (BRUTTO) #########################
###################################################################
Impuls-Äquivalent       10E3 [m/s]  7.6636374
Energie-Äquivalent      10E3  [J]   58731.338
Leistungs-Äquivalent    10E6  [W]   450095.68
###################################################################
##### V-Komponenten im Feld (NETTO) ##############################
```

```
##### scheinbar eingekoppelte Induktionswirkung (kumuliert)  ######
####################################################################
   cum U(xyz)                      [m/s]   460.43949
   cum V(xyz)                      [m/s]   470.90523
   cum W(xyz)                      [m/s]   -51.494901
   cum R(xyz)                      [m/s]   6191.4844
####################################################################
##### InduktionsWirkung im Feld (NETTO) ###########################
####################################################################
Impuls-Äquivalent      10E3 [m/s]   6.1914844
Energie-Äquivalent     10E3  [J]    38334.48
Leistungs-Äquivalent   10E6  [W]    237347.33
####################################################################
##### InduktionsWirkung der FwF-Struktur   ########################
####################################################################
   Dimension des Polygons                        [-]   20
   Laenge des Polygons                           [LE]  24.749716
   ImpulsSpezifisch Brutto      p/polydim        [m/s]   383.18187
   ImpulsSpezifisch Netto       p/polydim        [m/s]   309.57422
   ImpulsGeneralisiert Brutto   p/poly-L         [m/s/m]  309.64547
   ImpulsGeneralisiert Netto    p/poly-L         [m/s/m]  250.16386
########## eof ####################################################
```

Simulations- und Berechnungsprotokoll LINE-Modell

```
function test=VinducFWF1510_004_aLine; //### aus 056_065_28042022 und induz. V nach Katz+Plotkin
// ##### Test:[U,V,W]=INDUZIERTv(10,10,10, 3,3,3, 5,5,5, 1.25);
global DONE BUSY PROCESS
test = BUSY;  pi = 3.14159; timer(); tic(); disp("BUSY: BerechnugsZeit(s)/ CPU-time(s): ",timer());
 GeneralPath = 'C:\Users\Micha\Desktop\LCO_Data'; // PCHomeOffice  C:\Users\Micha\Desktop\LCO_Data
 //GeneralPath = 'C:\Users\Micha\Desktop\LCO_Data';
 // GeneralPath = 'C:\Users\CIP-Labor\Desktop\Buffer'; //C410
 //GeneralPath = 'C:\Users\cip-labor\Desktop\MID\C407Forschung\DATAFiles'; // PC407
 NarraFeed = 0;  ShoFeed = 1;
 // ################  RB + Setting 1  ###############################################
 Idim= 30; Jdim=30; Kdim= 30;  vUEx = 0.50;  vUEy=0.0; vUEz=0.0; Gamma = (+1) *25; vue=0.50;
 Pdim= 20; rich=1; RA= 1;   xpc = 2;  ypc=15; zpc= 15; frq = 1; nz = 0.01; W0=0; xende=28;
 // ################  Simulation  #################################################
 Poly3 = polygonFwFcoil_X(ShoFeed,NarraFeed,RA,frq,nz,Pdim,W0, xpc,ypc,zpc,xende,Gamma);
  NarraFeed = 0;
 L3 = polygonLAENGE(NarraFeed, Poly3); // Test = OK
  ShoFeed= 0;  NarraFeed = 0;
 Field1 = makeTotal3DflowField(NarraFeed,Idim,Jdim,Kdim,vUEx,vUEy,vUEz,Gamma); // Test = NOK
  ShoFeed= 4; NarraFeed=0;
 Field3 = inducField3D_3(ShoFeed,NarraFeed,Field1,vue,Poly3); // neu aber NOK
  Zpos = 15; narraCall=0; shoFRAME=5;
 Shoa2DplanOfa3DvectorField_XY_3(shoFRAME,narraCall,"see: 3DField",Zpos,Field3); // neu aber NOK
 // ################  YZPlane ##############################################################
  Xpos = 15; narraCall=0; shoFRAME=25;
 Shoa2DplanOfa3DvectorField_YZ_3(shoFRAME,narraCall,"see: 3DField YZ",Xpos,Field3); // neu aber NOK
 // #################################################################################
 Zpos = 15; narraCall=0; shoFRAME=26;
  // narraCall=0; shoFRAME=6; // GeneralPath = 'C:\Users\CIP-Labor\Desktop\Buffer';
  EvalaField3D(shoFRAME,narraCall,GeneralPath,Field3,vUEx,vUEy,vUEz,Gamma,Poly3); // neu aber NOK
  shoFRAME=18; narraCall=1; Snbr = '001'; anax = 10; anay= 15;anaz=15;
  ANALYSE1 =probeField3Dpoint1(shoFRAME,narraCall,GeneralPath,Snbr,Field3,anax,anay,anaz); // neu ab V052_037
  shoFRAME=18; narraCall=1; Snbr = '002'; anax = 15; anay= 15;anaz=15;
  ANALYSE1 =probeField3Dpoint1(shoFRAME,narraCall,GeneralPath,Snbr,Field3,anax,anay,anaz); // neu ab V052_037
 shoFRAME=18; narraCall=1; Snbr = '001'; anax = 10; anay= 15;anaz=15;
  shoFRAME=18; narraCall=1; Snbr = '003'; anax = 20; anay= 15;anaz=15;
  ANALYSE1 =probeField3Dpoint1(shoFRAME,narraCall,GeneralPath,Snbr,Field3,anax,anay,anaz); // neu ab V052_037
  shoFRAME=18; narraCall=1; Snbr = '004'; anax = 25; anay= 15;anaz=15;
  ANALYSE1 =probeField3Dpoint1(shoFRAME,narraCall,GeneralPath,Snbr,Field3,anax,anay,anaz); // neu ab V052_037
  shoFRAME=18; narraCall=1; Snbr = '005'; anax = 30; anay= 15;anaz=15;
  ANALYSE1 =probeField3Dpoint1(shoFRAME,narraCall,GeneralPath,Snbr,Field3,anax,anay,anaz); // neu ab V052_037

 // ####################### general Graphics  #######################################
   Xpos= 15; Zpos=15; narraCall=1; shoFRAME=7;
  Shoa1DlineOfa3DvectorField_X(shoFRAME,narraCall,'Line: ',Xpos,Zpos,Field3);
   Zpos = 15; narraCall=1; shoFRAME=8;
  Shoa2DSurfPlanOfa3DvectorField_XY(shoFRAME,narraCall,"see: 3DSurfaceField",Zpos,Field3);  // neu aber NOK
   Zpos = 15; narraCall=1; shoFRAME=9;
  Shoa2DMeshPlanOfa3DvectorField_XY(shoFRAME,narraCall,"see: 3DMeshField",Zpos,Field3);  // neu aber NOK
   Zpos = 15; narraCall=1; shoFRAME=10;
  Shoa2DConturplanOfa3DvectorField_XY(shoFRAME,narraCall,"see: 3D velocity ",Zpos,Field3);  // neu aber NOK
   Zpos = 15; narraCall=1; shoFRAME=12;
  Shoa2DSurfPlanOfa3DSeedVectorField_XY(shoFRAME,narraCall,"see: 3D seeded Field",Zpos,Field3);  // neu aber NOK
   Zpos = 15; narraCall=1; shoFRAME=13;
  Shoa2DConturplanOfa3DpreassureField_XY(shoFRAME,narraCall,"see: 3D ",Zpos,Field3);
  narraCall=1; shoFRAME=20;
  lxa=1; lya=15; lza=15;   lxe=29; lye=15; lze=15;
  Poly6 =ShoAnyLineOfa3DvectorField(shoFRAME,narraCall,'Profil entlang einer Linie',Field3,lxa,lya,lza,lxe,lye,lze);
 test= DONE; disp("DONE: BerechnugsZeit(s): ",toc());
 endfunction;
```

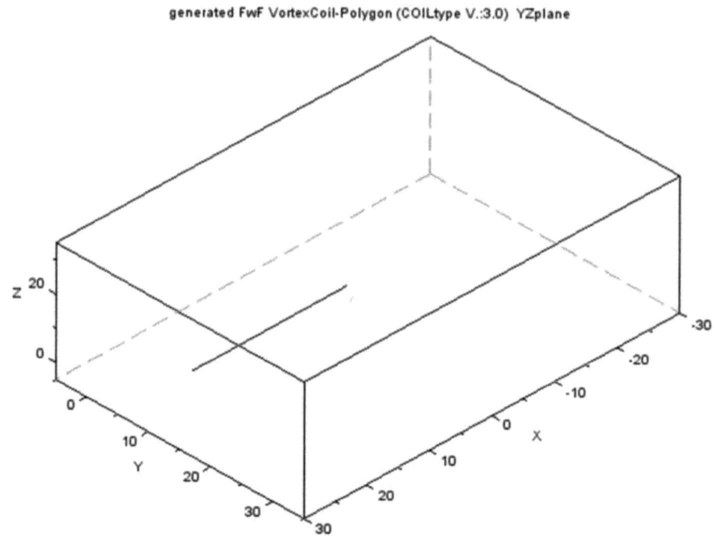

Fluid within Fluid- Polygon in einem (30X30X30) Feld

Eigene Graphik, Michel Felgenhauer, Berlin (2022).

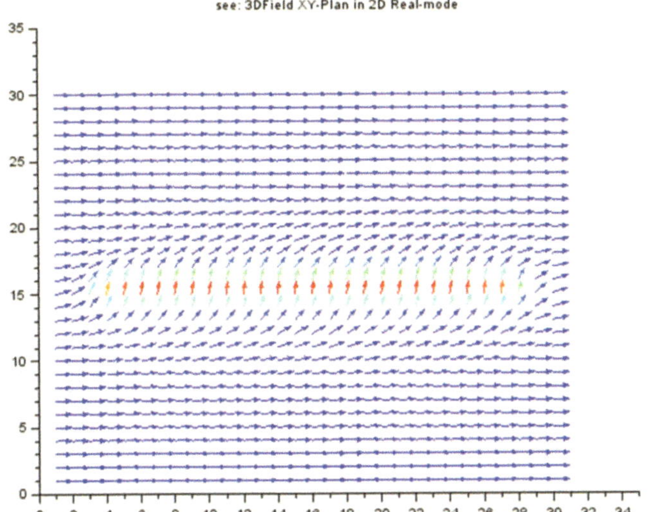

Strömungsbild in der XYEbene (X,Y,15)

Eigene Graphik, Michel Felgenhauer, Berlin (2022).

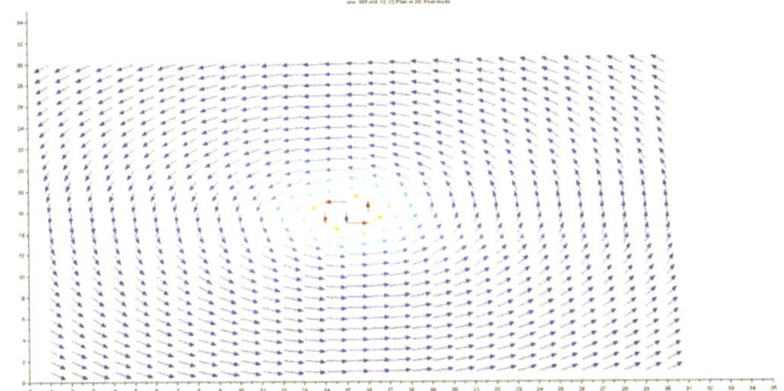

Strömungsbild in der YZEbene (Y,Z,15)

Eigene Graphik, Michel Felgenhauer, Berlin (2022).

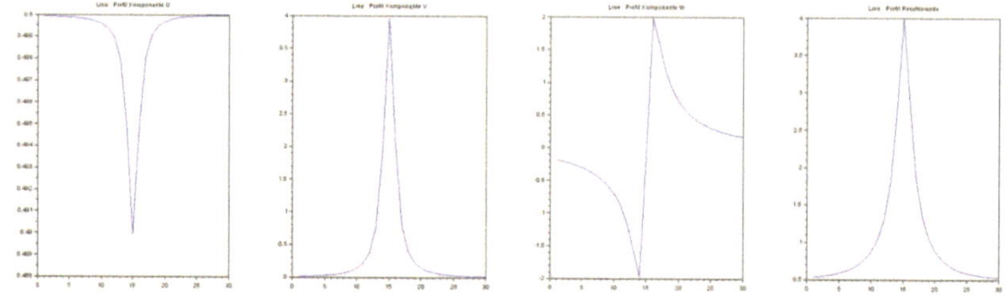

Gradient des spezifischen Impulses entlang einer Linie im Feld (15,Y,15)

Eigene Graphik, Michel Felgenhauer, Berlin (2022).

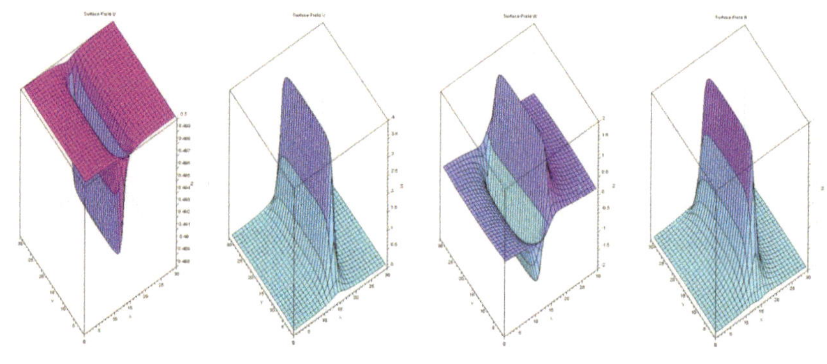

Strömungsbild als Qualitätsgebirge in der XYEbene (X,Y,15)

Eigene Graphik, Michel Felgenhauer, Berlin (2022).

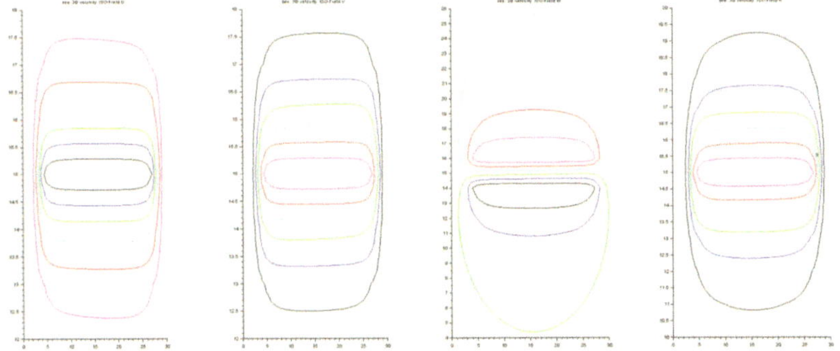

Strömungsgrößen als Höhenliniendiagramm in der XYEbene (X,Y,15)

Eigene Graphik, Michel Felgenhauer, Berlin (2022).

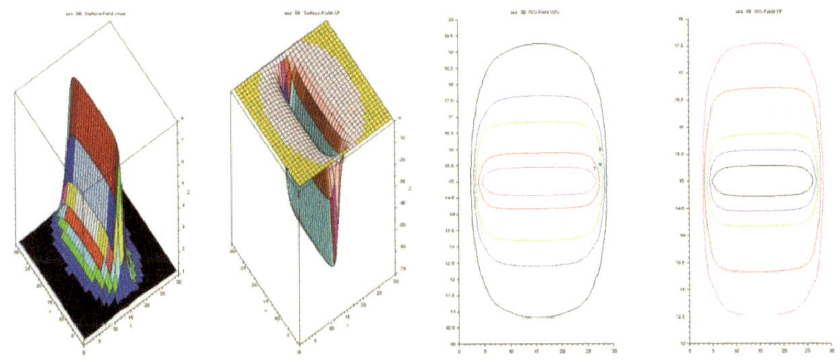

Strömungsgrößen u.A. als Höhenliniendiagramm in der XYEbene (X,Y,15)

Eigene Graphik, Michel Felgenhauer, Berlin (2022).

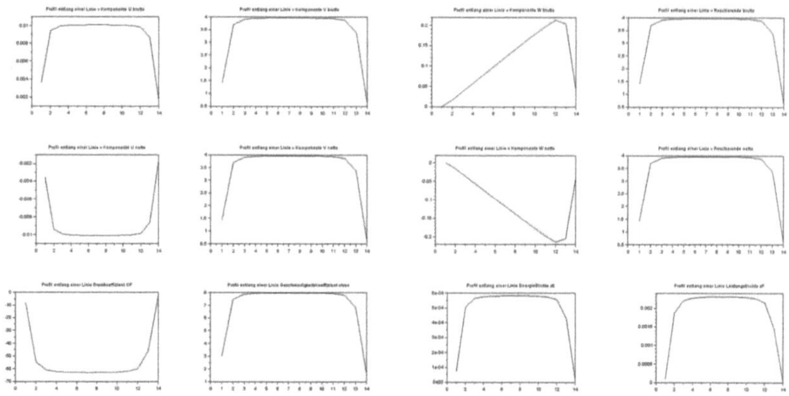

Strömungsgrößen entlang eines Analysepfades

Eigene Graphik, Michel Felgenhauer, Berlin (2022).

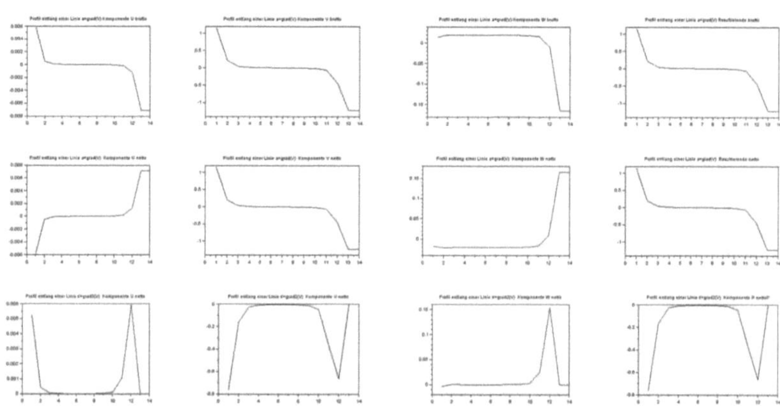

Strömungsgrößen entlang eines Analysepfades
Eigene Graphik, Michel Felgenhauer, Berlin (2022).

```
#########################################################################
###    Analyse des Strömungsfeldes unter Induktionswirkung        ###
###    Integral- Bilanz- und Mittelwerte                          ###
###                                                               ###
###    Kampagne K000.000 23022022-1                               ###
###    Version: Vinduc_052_047                                    ###
###                                                               ###
#########################################################################
### CODED: bionic research unit berlin (2022)  #####################
# Speicherort C:\Users\Micha\Desktop\LCO_Data\anyField_anyBILANZ.txt
# CPU-Time [s] 112.20312
# realTime [s] 111.73826
#########################################################################
##### Modell-Raum und Analyse-Raum                     ##########
fluidroom dimension          X:   30
fluidroom dimension          Y:   30
fluidroom dimension          Z:   30
analyse room dim.           aX:   30
analyse room dim.           aY:   30
analyse room dim.           aZ:   30
#########################################################################
##### dynamische Randbedingungen                       #########
dyn. RB: Vue-x:          [m/s]   0.5
dyn. RB: Vue-y:          [m/s]   0
dyn. RB: Vue-z:          [m/s]   0
dyn. RB: Zirkulation G:  [m2/s]  25
#########################################################################
##### V-Komponenten im Feld ohne Induktionswirkung     ##########
  cumU(xyz)                  [m/s]  13500
  cumV(xyz)                  [m/s]  0
  cumW(xyz)                  [m/s]  0
  cumR(xyz)                  [m/s]  13500
#########################################################################
##### energetische Bilanz im Feld ohne Induktionswirkung ##########
#####          BILANZ                                  ##########
#########################################################################
Impuls-Äquivalent      10E3 [m/s]  13.5
Energie-Äquivalent     10E3  [J]   182250
Leistungs-Äquivalent   10E6  [W]   2460375
#########################################################################
##### Induktionswirkung im Feld        ###########################
##### V-Komponenten im Feld (BRUTTO) ###########################
##### jemals eingekoppelte Induktionswirkung (kumuliert)  ##########
#########################################################################
  cum U(xyz)                 [m/s]   12.907354
  cum V(xyz)                 [m/s]   5061.6973
  cum W(xyz)                 [m/s]   5072.118
  cum R(xyz)                 [m/s]   7989.3764
#########################################################################
##### InduktionsWirkung im Feld (BRUTTO) #######################
#########################################################################
Impuls-Äquivalent      10E3 [m/s]  7.9893764
Energie-Äquivalent     10E3  [J]   63830.135
Leistungs-Äquivalent   10E6  [W]   509962.97
#########################################################################
##### V-Komponenten im Feld (NETTO) ############################
##### scheinbar eingekoppelte Induktionswirkung (kumuliert)  #######
#########################################################################
  cum U(xyz)                 [m/s]   -0.2322004
  cum V(xyz)                 [m/s]   94.543983
  cum W(xyz)                 [m/s]   97.284064
  cum R(xyz)                 [m/s]   7989.3764
```

```
######################################################################
##### InduktionsWirkung im Feld (NETTO) ##############################
######################################################################
Impuls-Äquivalent      10E3 [m/s]  7.9893764
Energie-Äquivalent     10E3  [J]   63830.135
Leistungs-Äquivalent   10E6  [W]   509962.97
######################################################################
##### InduktionsWirkung der FwF-Struktur   ###########################
######################################################################
  Dimension des Polygons                        [-]   20
  Laenge des Polygons                           [LE]  24.70008
  ImpulsSpezifisch Brutto     p/polydim    [m/s]    399.46882
  ImpulsSpezifisch Netto      p/polydim    [m/s]    399.46882
  ImpulsGeneralisiert Brutto  p/poly-L     [m/s/m]  323.45549
  ImpulsGeneralisiert Netto   p/poly-L     [m/s/m]  323.45549
########### eof ######################################################
```

```
###########################################################################
###    lokale Analyse des Strömungsfeldes (Induktionswirkung)      ###
###    Integral,- Bilanz,- und Mittelwerte                         ###
###    an einem ausgesuchten Punkt im Feld (SONDE)                 ###
###    Kampagne K000.000 18022022-1                                ###
###    Version: Vinduc_052_041                                     ###
###                                                                ###
###########################################################################
### CODED: bionic research unit berlin (2022)  #######################
# Speicherort C:\Users\Micha\Desktop\LCO_Data\anyPointBILANZ001.txt
# Analyse-Nr: 001
###########################################################################
#####  Modell-Raum und Analyse-Raum                    ##########
fluidroom dimension              X-Dim:  30
fluidroom dimension              Y-Dim:  30
fluidroom dimension              Z-Dim:  30
lokal target    Point X in fluidroom:  10
lokal target    Point Y in fluidroom:  15
lokal target    Point Z in fluidroom:  15
###########################################################################
##### Induktionswirkung an einem Punkt im Feld         ##########
#####          (BRUTTO)                                ##########
##### jemals eingekoppelte Induktionswirkung (kumuliert)  ##########
#####                                                  ##########
##   cum U(xyz)b              [m/s]   0.0100531
##   cum V(xyz)b              [m/s]   3.9534719
##   cum W(xyz)b              [m/s]   0.0673533
##   cum R(xyz)b              [m/s]   3.9540583
##
##   cum Impuls(xyz)b         [Nm/s]  3.9540583
##   cum Energie(xyz)b         [Nm]  15.634577
##   cum Leistung(xyz)b         [J]  61.820031
##   spez.ImpulsDichte(xyz)b [Nm/s/m3] 0.0001464
##   spez.EnergieDichte(xyz)b   [W/m3] 0.0005791
##   spez.LeistungsDichte(xyz)b [J/m3] 0.0022896
#####                                                  ##########
###########################################################################
##### Induktionswirkung an einem Punkt im Feld         ##########
#####          (NETTO)                                 ##########
##### scheinbar eingekoppelte Induktionswirkung (kum.)  ##########
#####                                                  ##########
##   cum U(xyz)n              [m/s]  -0.0100531
##   cum V(xyz)n              [m/s]   3.9534719
##   cum W(xyz)n              [m/s]  -0.0673533
##   cum R(xyz)n              [m/s]   3.9540583
##
##   cum Impuls(xyz)n         [Nm/s]  3.9540583
##   cum Energie(xyz)n         [Nm]  15.634577
##   cum Leistung(xyz)n         [J]  61.820031
##   spez.ImpulsDichte(xyz)n [Nm/s/m3] 0.0001464
##   spez.EnergieDichte(xyz)n   [W/m3] 0.0005791
##   spez.LeistungsDichte(xyz)n [J/m3] 0.0022896
##
#####    lokaler Geschwindigkeits - und Druckkoeffizient   ##########
##   Point X in fluidroom:  10
##   Point Y in fluidroom:  15
##   Point Z in fluidroom:  15
##   spez. Geschwindigkeit    v/Vue   7.9685677
##   spez. Druckkoeffizient   cp     -62.498072
###########################################################################
###########################################################################
########### eof ###########################################################
```

```
####################################################################
###     lokale Analyse des Strömungsfeldes (Induktionswirkung)    ###
###     Integral,- Bilanz,- und Mittelwerte                       ###
###     an einem ausgesuchten Punkt im Feld (SONDE)               ###
###     Kampagne K000.000 18022022-1                              ###
###     Version: Vinduc_052_041                                   ###
###                                                               ###
####################################################################
### CODED: bionic research unit berlin (2022)  ####################
# Speicherort C:\Users\Micha\Desktop\LCO_Data\anyPointBILANZ002.txt
# Analyse-Nr: 002
####################################################################
#####   Modell-Raum und Analyse-Raum                    ##########
fluidroom dimension              X-Dim:  30
fluidroom dimension              Y-Dim:  30
fluidroom dimension              Z-Dim:  30
lokal target    Point X in fluidroom:  15
lokal target    Point Y in fluidroom:  15
lokal target    Point Z in fluidroom:  15
####################################################################
##### Induktionswirkung an einem Punkt im Feld          ##########
#####           (BRUTTO)                                ##########
##### jemals eingekoppelte Induktionswirkung (kumuliert) ##########
#####                                                   ##########
##   cum U(xyz)b                  [m/s]  0.0100831
##   cum V(xyz)b                  [m/s]  3.9640641
##   cum W(xyz)b                  [m/s]  0.1179553
##   cum R(xyz)b                  [m/s]  3.9658315
##
##   cum Impuls(xyz)b             [Nm/s] 3.9658315
##   cum Energie(xyz)b            [Nm]  15.727819
##   cum Leistung(xyz)b           [J]   62.373881
##   spez.ImpulsDichte(xyz)b [Nm/s/m3] 0.0001469
##   spez.EnergieDichte(xyz)b   [W/m3] 0.0005825
##   spez.LeistungsDichte(xyz)b [J/m3] 0.0023101
#####                                                   ##########
####################################################################
##### Induktionswirkung an einem Punkt im Feld          ##########
#####           (NETTO)                                 ##########
##### scheinbar eingekoppelte Induktionswirkung (kum.)  ##########
#####                                                   ##########
##   cum U(xyz)n                  [m/s] -0.0100831
##   cum V(xyz)n                  [m/s]  3.9640641
##   cum W(xyz)n                  [m/s] -0.1179553
##   cum R(xyz)n                  [m/s]  3.9658315
##
##   cum Impuls(xyz)n             [Nm/s] 3.9658315
##   cum Energie(xyz)n            [Nm]  15.727819
##   cum Leistung(xyz)n           [J]   62.373881
##   spez.ImpulsDichte(xyz)n [Nm/s/m3] 0.0001469
##   spez.EnergieDichte(xyz)n   [W/m3] 0.0005825
##   spez.LeistungsDichte(xyz)n [J/m3] 0.0023101
##
#####    lokaler Geschwindigkeits - und Druckkoeffizient  ##########
##   Point X in fluidroom:  15
##   Point Y in fluidroom:  15
##   Point Z in fluidroom:  15
##   spez. Geschwindigkeit   v/Vue  7.9919284
##   spez. Druckkoeffizient     cp   -62.87092
####################################################################
####################################################################
########### eof ####################################################
```

```
####################################################################
###     lokale Analyse des Strömungsfeldes (Induktionswirkung)    ###
###     Integral,- Bilanz,- und Mittelwerte                       ###
###     an einem ausgesuchten Punkt im Feld (SONDE)               ###
###     Kampagne K000.000 18022022-1                              ###
###     Version: Vinduc_052_041                                   ###
###                                                               ###
####################################################################
### CODED: bionic research unit berlin (2022)  ####################
# Speicherort C:\Users\Micha\Desktop\LCO_Data\anyPointBILANZ003.txt
# Analyse-Nr: 003
####################################################################
#####  Modell-Raum und Analyse-Raum                     ##########
fluidroom dimension          X-Dim:  30
fluidroom dimension          Y-Dim:  30
fluidroom dimension          Z-Dim:  30
lokal target    Point X in fluidroom:  20
lokal target    Point Y in fluidroom:  15
lokal target    Point Z in fluidroom:  15
####################################################################
##### Induktionswirkung an einem Punkt im Feld          ##########
#####           (BRUTTO)                                ##########
##### jemals eingekoppelte Induktionswirkung (kumuliert) ##########
#####                                                   ##########
##   cum U(xyz)b              [m/s]   0.0100682
##   cum V(xyz)b              [m/s]   3.9564159
##   cum W(xyz)b              [m/s]   0.16809
##   cum R(xyz)b              [m/s]   3.9599978
##
##   cum Impuls(xyz)b         [Nm/s]  3.9599978
##   cum Energie(xyz)b         [Nm]   15.681582
##   cum Leistung(xyz)b         [J]   62.09903
##   spez.ImpulsDichte(xyz)b [Nm/s/m3] 0.0001467
##   spez.EnergieDichte(xyz)b  [W/m3]  0.0005808
##   spez.LeistungsDichte(xyz)b [J/m3] 0.0023
#####                                                   ##########
####################################################################
##### Induktionswirkung an einem Punkt im Feld          ##########
#####           (NETTO)                                 ##########
##### scheinbar eingekoppelte Induktionswirkung (kum.)  ##########
#####                                                   ##########
##   cum U(xyz)n              [m/s]  -0.0100682
##   cum V(xyz)n              [m/s]   3.9564159
##   cum W(xyz)n              [m/s]  -0.16809
##   cum R(xyz)n              [m/s]   3.9599978
##
##   cum Impuls(xyz)n         [Nm/s]  3.9599978
##   cum Energie(xyz)n         [Nm]   15.681582
##   cum Leistung(xyz)n         [J]   62.09903
##   spez.ImpulsDichte(xyz)n [Nm/s/m3] 0.0001467
##   spez.EnergieDichte(xyz)n  [W/m3]  0.0005808
##   spez.LeistungsDichte(xyz)n [J/m3] 0.0023
##
#####    lokaler Geschwindigkeits - und Druckkoeffizient   ##########
##   Point X in fluidroom:  20
##   Point Y in fluidroom:  15
##   Point Z in fluidroom:  15
##   spez. Geschwindigkeit    v/Vue   7.9803528
##   spez. Druckkoeffizient    cp    -62.68603
####################################################################
####################################################################
########### eof ###################################################
```

```
########################################################################
###    lokale Analyse des Strömungsfeldes (Induktionswirkung)      ###
###    Integral,- Bilanz,- und Mittelwerte                         ###
###    an einem ausgesuchten Punkt im Feld (SONDE)                 ###
###    Kampagne K000.000 18022022-1                                ###
###    Version: Vinduc_052_041                                     ###
###                                                                ###
########################################################################
### CODED: bionic research unit berlin (2022)  #####################
# Speicherort C:\Users\Micha\Desktop\LCO_Data\anyPointBILANZ004.txt
# Analyse-Nr: 004
########################################################################
#####   Modell-Raum und Analyse-Raum                     ##########
fluidroom dimension            X-Dim:  30
fluidroom dimension            Y-Dim:  30
fluidroom dimension            Z-Dim:  30
lokal target    Point X in fluidroom:  25
lokal target    Point Y in fluidroom:  15
lokal target    Point Z in fluidroom:  15
########################################################################
##### Induktionswirkung an einem Punkt im Feld           ##########
#####            (BRUTTO)                                 ##########
##### jemals eingekoppelte Induktionswirkung (kumuliert)  ##########
#####                                                     ##########
##   cum U(xyz)b                [m/s]  0.0098514
##   cum V(xyz)b                [m/s]  3.8688044
##   cum W(xyz)b                [m/s]  0.2136681
##   cum R(xyz)b                [m/s]  3.8747127
##
##   cum Impuls(xyz)b           [Nm/s] 3.8747127
##   cum Energie(xyz)b           [Nm] 15.013398
##   cum Leistung(xyz)b           [J] 58.172604
##   spez.ImpulsDichte(xyz)b [Nm/s/m3] 0.0001435
##   spez.EnergieDichte(xyz)b   [W/m3] 0.0005561
##   spez.LeistungsDichte(xyz)b [J/m3] 0.0021545
#####                                                     ##########
########################################################################
##### Induktionswirkung an einem Punkt im Feld           ##########
#####            (NETTO)                                  ##########
##### scheinbar eingekoppelte Induktionswirkung (kum.)    ##########
#####                                                     ##########
##   cum U(xyz)n                [m/s] -0.0098514
##   cum V(xyz)n                [m/s]  3.8688044
##   cum W(xyz)n                [m/s] -0.2136681
##   cum R(xyz)n                [m/s]  3.8747127
##
##   cum Impuls(xyz)n           [Nm/s] 3.8747127
##   cum Energie(xyz)n           [Nm] 15.013398
##   cum Leistung(xyz)n           [J] 58.172604
##   spez.ImpulsDichte(xyz)n [Nm/s/m3] 0.0001435
##   spez.EnergieDichte(xyz)n   [W/m3] 0.0005561
##   spez.LeistungsDichte(xyz)n [J/m3] 0.0021545
##
#####    lokaler Geschwindigkeits - und Druckkoeffizient   ##########
##   Point X in fluidroom:  25
##   Point Y in fluidroom:  15
##   Point Z in fluidroom:  15
##   spez. Geschwindigkeit    v/Vue  7.8111563
##   spez. Druckkoeffizient     cp  -60.014163
########################################################################
########################################################################
########## eof #########################################################
```

```
########################################################################
###    lokale Analyse des Strömungsfeldes (Induktionswirkung)     ###
###    Integral,- Bilanz,- und Mittelwerte                        ###
###    an einem ausgesuchten Punkt im Feld (SONDE)                ###
###    Kampagne K000.000 18022022-1                               ###
###    Version: Vinduc_052_041                                    ###
###                                                               ###
########################################################################
### CODED: bionic research unit berlin (2022)  #####################
# Speicherort C:\Users\Micha\Desktop\LCO_Data\anyPointBILANZ005.txt
# Analyse-Nr: 005
########################################################################
#####  Modell-Raum und Analyse-Raum                      ##########
fluidroom dimension              X-Dim:  30
fluidroom dimension              Y-Dim:  30
fluidroom dimension              Z-Dim:  30
lokal target    Point X in fluidroom:  30
lokal target    Point Y in fluidroom:  15
lokal target    Point Z in fluidroom:  15
########################################################################
##### Induktionswirkung an einem Punkt im Feld           ##########
#####          (BRUTTO)                                  ##########
##### jemals eingekoppelte Induktionswirkung (kumuliert) ##########
#####                                                    ##########
##   cum U(xyz)b                 [m/s]  0.0005305
##   cum V(xyz)b                 [m/s]  0.2081718
##   cum W(xyz)b                 [m/s]  0.0141532
##   cum R(xyz)b                 [m/s]  0.208653
##
##   cum Impuls(xyz)b            [Nm/s]  0.208653
##   cum Energie(xyz)b            [Nm]  0.0435361
##   cum Leistung(xyz)b            [J]  0.0090839
##   spez.ImpulsDichte(xyz)b [Nm/s/m3]  0.0000077
##   spez.EnergieDichte(xyz)b   [W/m3]  0.0000016
##   spez.LeistungsDichte(xyz)b [J/m3]  0.0000003
#####                                                    ##########
########################################################################
##### Induktionswirkung an einem Punkt im Feld           ##########
#####          (NETTO)                                   ##########
##### scheinbar eingekoppelte Induktionswirkung (kum.)   ##########
#####                                                    ##########
##   cum U(xyz)n                 [m/s]  -0.0005305
##   cum V(xyz)n                 [m/s]   0.2081718
##   cum W(xyz)n                 [m/s]  -0.0141532
##   cum R(xyz)n                 [m/s]   0.208653
##
##   cum Impuls(xyz)n            [Nm/s]  0.208653
##   cum Energie(xyz)n            [Nm]  0.0435361
##   cum Leistung(xyz)n            [J]  0.0090839
##   spez.ImpulsDichte(xyz)n [Nm/s/m3]  0.0000077
##   spez.EnergieDichte(xyz)n   [W/m3]  0.0000016
##   spez.LeistungsDichte(xyz)n [J/m3]  0.0000003
##
#####    lokaler Geschwindigkeits - und Druckkoeffizient  ##########
##   Point X in fluidroom:  30
##   Point Y in fluidroom:  15
##   Point Z in fluidroom:  15
##   spez. Geschwindigkeit    v/Vue  1.0825997
##   spez. Druckkoeffizient      cp  -0.1720221
########################################################################
########################################################################
########## eof #########################################################
```

Simulations- und Berechnungsprotokoll CIRCE-Modell

```matlab
function test=VinducFWF1492_003_Circe; //### aus 056_065_28042022 und induz. V nach Katz+Plotkin
// ##### Test:[U,V,W]=INDUZIERTv(10,10,10, 3,3,3, 5,5,5, 1.25);
global DONE BUSY PROCESS
test = BUSY;  pi = 3.14159; timer(); tic(); disp("BUSY: BerechnugsZeit(s)/ CPU-time(s): ",timer());
 GeneralPath = 'C:\Users\Micha\Desktop\LCO_Data'; // PCHomeOffice  C:\Users\Micha\Desktop\LCO_Data
 //GeneralPath = 'C:\Users\Micha\Desktop\LCO_Data';
 // GeneralPath = 'C:\Users\CIP-Labor\Desktop\Buffer'; //C410
 //GeneralPath = 'C:\Users\cip-labor\Desktop\MID\C407Forschung\DATAFiles'; // PC407
 NarraFeed = 0;   ShoFeed = 1;
 // ###############   RB + Setting 1  ##################################################
 Idim = 30; Jdim=30;  Kdim= 30;  vUEx = 0.50;  vUEy=0.0; vUEz=0.0; Gamma = (-1) *25; vue=0.50;
 //Pdim = 20;  rich=1; RA = 3.0;   xpc = 5;  ypc=15; zpc= 15; frq = 1; nz = 1.0; W0=0; xende=22;
 Pdim = 20;  rich=1; RA= 3.95;   xpc = 15;  ypc=15; zpc= 15; frq = 1; nz = 1.0; W0=0; xende=15;
 // ###############   Simulation   ##################################################
 Poly3 = polygonFwFcoil_X(ShoFeed,NarraFeed,RA,frq,nz,Pdim,W0, xpc,ypc,zpc,xende,Gamma);

 // Poly3 = polygonCIRCE_YZ(ShoFeed,NarraFeed, rich, RA, Pdim, xpc, ypc, zpc);
 // Poly3 = polygonCIRCE_YZ(ShoFeed,NarraFeed,Pdim,RA,W0,xpc,ypc,zpc,xende,Gamma); // Test = OK
 // Poly3 = polygonCIRCE3D(ShoFeed,NarraFeed,Pdim,RA,W0,xpc,ypc,zpc,xende,Gamma); // Test = OK
 NarraFeed = 1;
 L3 = polygonLAENGE(NarraFeed, Poly3); // Test = OK
 ShoFeed= 0;  NarraFeed = 0;
 Field1 = makeTotal3DflowField(NarraFeed,Idim,Jdim,Kdim,vUEx,vUEy,vUEz,Gamma); // Test = NOK
 ShoFeed= 4; NarraFeed=0;
 Field3 = inducField3D_3(ShoFeed,NarraFeed,Field1,vue,Poly3); // neu aber NOK
 Zpos = 15; narraCall=0; shoFRAME=5;
 Shoa2DplanOfa3DvectorField_XY_3(shoFRAME,narraCall,"see: 3DField",Zpos,Field3); // neu aber NOK
 // narraCall=0; shoFRAME=6; // GeneralPath = 'C:\Users\CIP-Labor\Desktop\Buffer';
 EvalaField3D(shoFRAME,narraCall,GeneralPath,Field3,vUEx,vUEy,vUEz,Gamma,Poly3); // neu aber NOK
 shoFRAME=18; narraCall=1; Snbr = '001'; anax = 10; anay= 15;anaz=15;
 ANALYSE1 =probeField3Dpoint1(shoFRAME,narraCall,GeneralPath,Snbr,Field3,anax,anay,anaz); // neu ab V052_037
 shoFRAME=18; narraCall=1; Snbr = '002'; anax = 15; anay= 15;anaz=15;
 ANALYSE1 =probeField3Dpoint1(shoFRAME,narraCall,GeneralPath,Snbr,Field3,anax,anay,anaz); // neu ab V052_037
shoFRAME=18; narraCall=1; Snbr = '001'; anax = 10; anay= 15;anaz=15;
 shoFRAME=18; narraCall=1; Snbr = '003'; anax = 20; anay= 15;anaz=15;
 ANALYSE1 =probeField3Dpoint1(shoFRAME,narraCall,GeneralPath,Snbr,Field3,anax,anay,anaz); // neu ab V052_037
 shoFRAME=18; narraCall=1; Snbr = '004'; anax = 25; anay= 15;anaz=15;
 ANALYSE1 =probeField3Dpoint1(shoFRAME,narraCall,GeneralPath,Snbr,Field3,anax,anay,anaz); // neu ab V052_037
 shoFRAME=18; narraCall=1; Snbr = '005'; anax = 30; anay= 15;anaz=15;
 ANALYSE1 =probeField3Dpoint1(shoFRAME,narraCall,GeneralPath,Snbr,Field3,anax,anay,anaz); // neu ab V052_037

 // ####################### general Graphics   ###################################
    Xpos= 15; Zpos=15; narraCall=1; shoFRAME=7;
 Shoa1DlineOfa3DvectorField_X(shoFRAME,narraCall,'Line: ',Xpos,Zpos,Field3);
    Zpos = 15; narraCall=1; shoFRAME=8;
 Shoa2DSurfPlanOfa3DvectorField_XY(shoFRAME,narraCall,"see: 3DSurfaceField",Zpos,Field3);  // neu aber NOK
    Zpos = 15; narraCall=1; shoFRAME=9;
 Shoa2DMeshPlanOfa3DvectorField_XY(shoFRAME,narraCall,"see: 3DMeshField",Zpos,Field3);  // neu aber NOK
    Zpos = 15; narraCall=1; shoFRAME=10;
 Shoa2DConturplanOfa3DvectorField_XY(shoFRAME,narraCall,"see: 3D velocity ",Zpos,Field3);  // neu aber NOK
    Zpos = 15; narraCall=1; shoFRAME=12;
 Shoa2DSurfPlanOfa3DSeedVectorField_XY(shoFRAME,narraCall,"see: 3D seeded Field",Zpos,Field3);  // neu aber NOK
    Zpos = 15; narraCall=1; shoFRAME=13;
 Shoa2DConturplanOfa3DpreassureField_XY(shoFRAME,narraCall,"see: 3D ",Zpos,Field3);
    narraCall=1; shoFRAME=20;
    lxa=1; lya=15; lza=15;   lxe=29; lye=15; lze=15;
 Poly6 =ShoAnyLineOfa3DvectorField(shoFRAME,narraCall,'Profil entlang einer Linie',Field3,lxa,lya,lza,lxe,lye,lze);
test= DONE;  disp("DONE: BerechnugsZeit(s): ",toc());
endfunction;
```

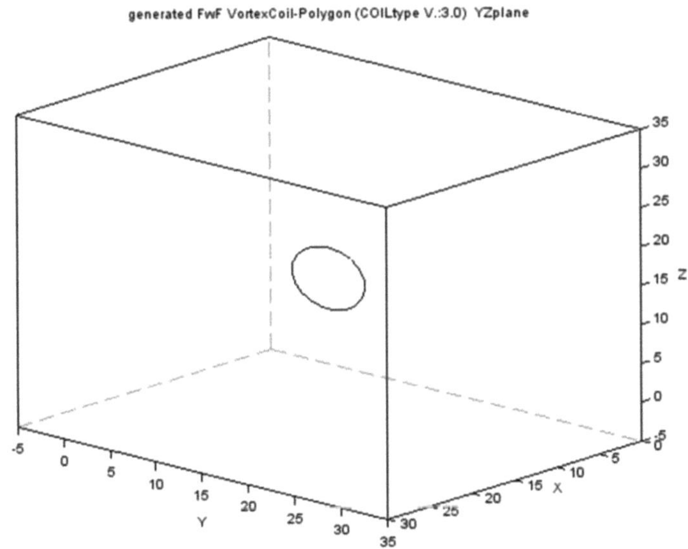

Fluid within Fluid- Polygon in einem (30X30X30) Feld

Eigene Graphik, Michel Felgenhauer, Berlin (2022).

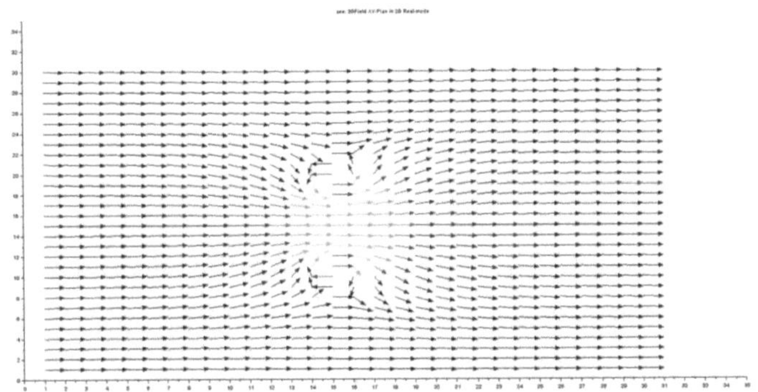

Strömungsbild in der XYEbene (X,Y,15)

Eigene Graphik, Michel Felgenhauer, Berlin (2022).

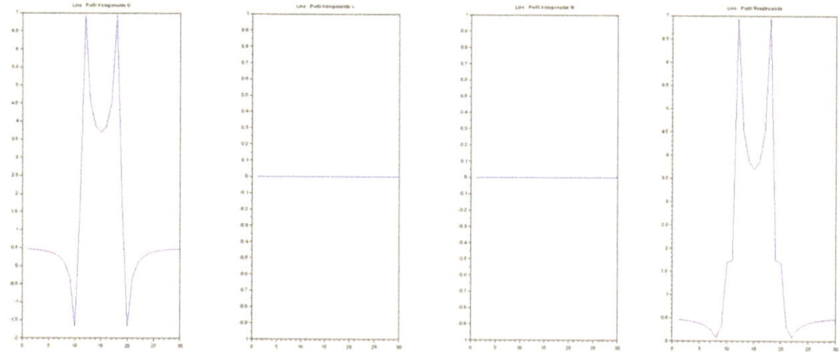

Gradient des spezifischen Impulses entlang einer Linie im Feld (15,Y,15)

Eigene Graphik, Michel Felgenhauer, Berlin (2022).

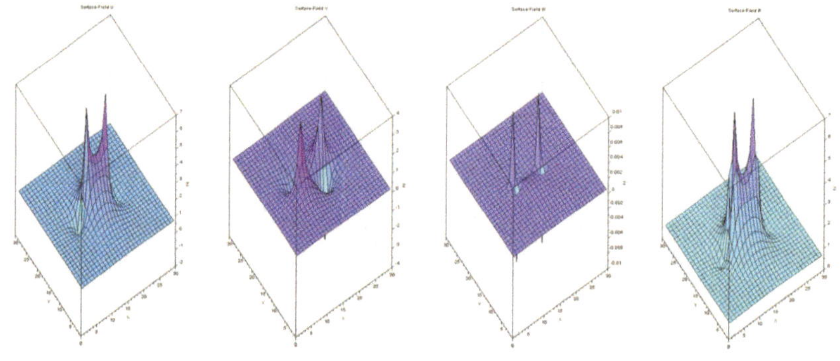

Strömungsbild als Qualitätsgebirge in der XYEbene (X,Y,15)

Eigene Graphik, Michel Felgenhauer, Berlin (2022).

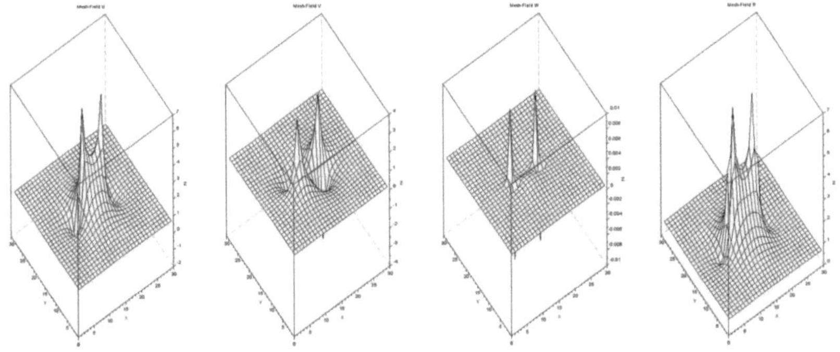

Strömungsbild als Qualitätsgebirge in der XYEbene (X,Y,15)

Eigene Graphik, Michel Felgenhauer, Berlin (2022).

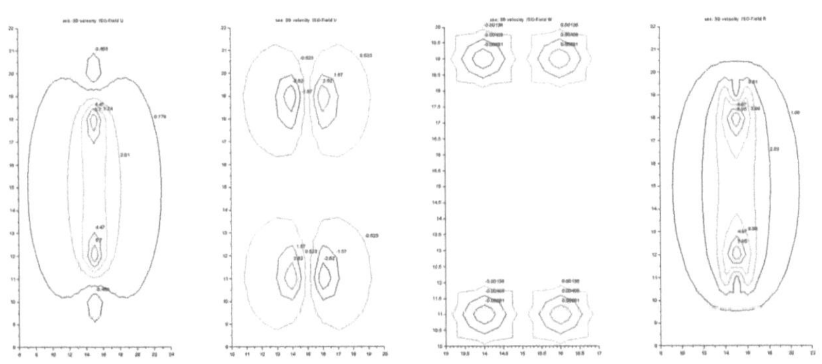

Strömungsgrößen als Höhenliniendiagramm in der XYEbene (X,Y,15)

Eigene Graphik, Michel Felgenhauer, Berlin (2022).

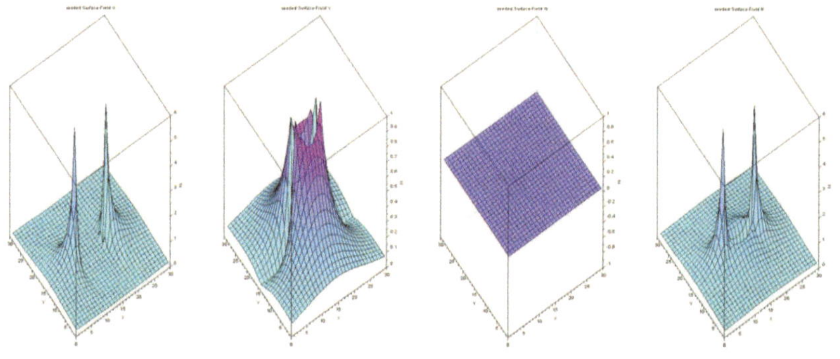

Strömungsbild als Qualitätsgebirge in der XYEbene (X,Y,15)

Eigene Graphik, Michel Felgenhauer, Berlin (2022).

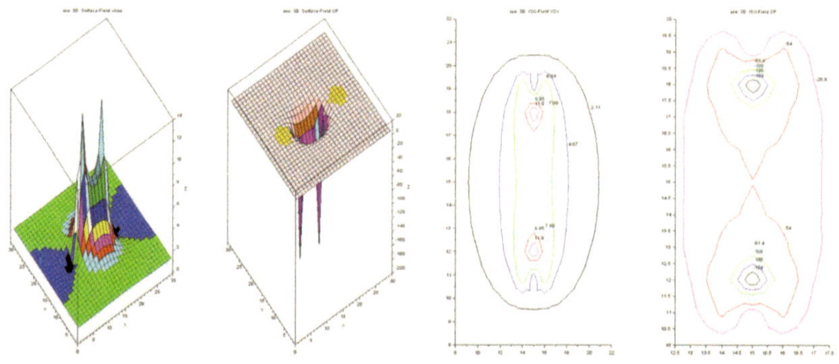

Strömungsgrößen u.A. als Höhenliniendiagramm in der XYEbene (X,Y,15)

Eigene Graphik, Michel Felgenhauer, Berlin (2022).

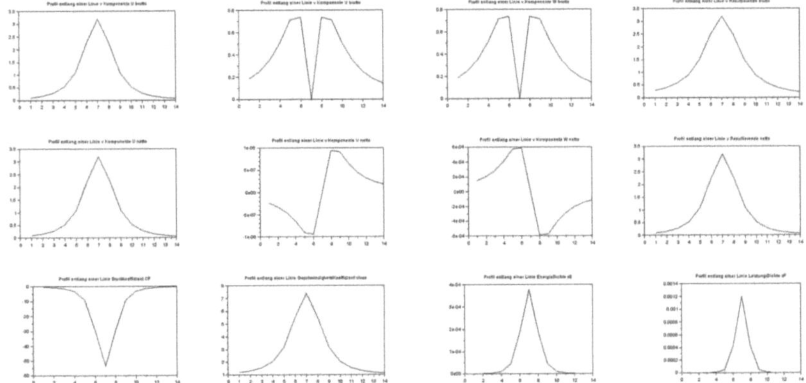

Strömungsgrößen entlang eines Analysepfades

Eigene Graphik, Michel Felgenhauer, Berlin (2022).

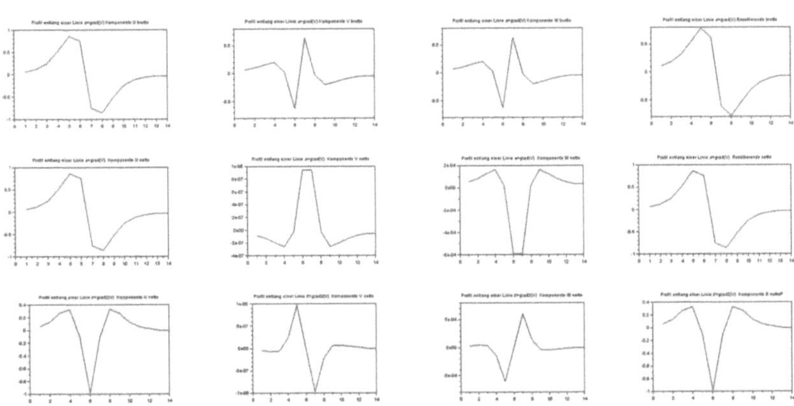

Strömungsgrößen entlang eines Analysepfades

Eigene Graphik, Michel Felgenhauer, Berlin (2022).

```
######################################################################
###     lokale Analyse des Strömungsfeldes (Induktionswirkung)    ###
###     Integral,- Bilanz,- und Mittelwerte                       ###
###     an einem ausgesuchten Punkt im Feld (SONDE)               ###
###     Kampagne K000.000 18022022-1                              ###
###     Version: Vinduc_052_041                                   ###
###                                                               ###
######################################################################
### CODED: bionic research unit berlin (2022)  #####################
# Speicherort C:\Users\Micha\Desktop\LCO_Data\anyPointBILANZ001.txt
# Analyse-Nr: 001
######################################################################
#####  Modell-Raum und Analyse-Raum                     ##########
fluidroom dimension          X-Dim:   30
fluidroom dimension          Y-Dim:   30
fluidroom dimension          Z-Dim:   30
lokal target    Point X in fluidroom:  10
lokal target    Point Y in fluidroom:  15
lokal target    Point Z in fluidroom:  15
######################################################################
##### Induktionswirkung an einem Punkt im Feld          ##########
#####          (BRUTTO)                                 ##########
##### jemals eingekoppelte Induktionswirkung (kumuliert)  ##########
#####                                                   ##########
##   cum U(xyz)b              [m/s]   0.7475815
##   cum V(xyz)b              [m/s]   0.6097561
##   cum W(xyz)b              [m/s]   0.611234
##   cum R(xyz)b              [m/s]   1.1420541
##
##   cum Impuls(xyz)b         [Nm/s] 1.1420541
##   cum Energie(xyz)b          [Nm] 1.3042876
##   cum Leistung(xyz)b          [J] 1.4895671
##   spez.ImpulsDichte(xyz)b [Nm/s/m3] 0.0000423
##   spez.EnergieDichte(xyz)b   [W/m3] 0.0000483
##   spez.LeistungsDichte(xyz)b [J/m3] 0.0000552
#####                                                   ##########
######################################################################
##### Induktionswirkung an einem Punkt im Feld          ##########
#####          (NETTO)                                  ##########
##### scheinbar eingekoppelte Induktionswirkung (kum.)  ##########
#####                                                   ##########
##   cum U(xyz)n              [m/s]   0.7475815
##   cum V(xyz)n              [m/s]  -0.0000008
##   cum W(xyz)n              [m/s]   0.0004888
##   cum R(xyz)n              [m/s]   0.7475817
##
##   cum Impuls(xyz)n         [Nm/s] 0.7475817
##   cum Energie(xyz)n          [Nm] 0.5588784
##   cum Leistung(xyz)n          [J] 0.4178072
##   spez.ImpulsDichte(xyz)n [Nm/s/m3] 0.0000277
##   spez.EnergieDichte(xyz)n   [W/m3] 0.0000207
##   spez.LeistungsDichte(xyz)n [J/m3] 0.0000155
##
#####    lokaler Geschwindigkeits - und Druckkoeffizient   ##########
##   Point X in fluidroom:  10
##   Point Y in fluidroom:  15
##   Point Z in fluidroom:  15
##   spez. Geschwindigkeit    v/Vue   2.4951627
##   spez. Druckkoeffizient     cp   -5.225837
######################################################################
######################################################################
########### eof ######################################################


######################################################################
###     lokale Analyse des Strömungsfeldes (Induktionswirkung)    ###
###     Integral,- Bilanz,- und Mittelwerte                       ###
```

```
###    an einem ausgesuchten Punkt im Feld (SONDE)                ###
###    Kampagne K000.000 18022022-1                               ###
###    Version: Vinduc_052_041                                    ###
###                                                               ###
#################################################################
### CODED: bionic research unit berlin (2022)  #####################
# Speicherort C:\Users\Micha\Desktop\LCO_Data\anyPointBILANZ002.txt
# Analyse-Nr: 002
#################################################################
#####  Modell-Raum und Analyse-Raum                     ##########
fluidroom dimension          X-Dim:  30
fluidroom dimension          Y-Dim:  30
fluidroom dimension          Z-Dim:  30
lokal target   Point X in fluidroom:  15
lokal target   Point Y in fluidroom:  15
lokal target   Point Z in fluidroom:  15
#################################################################
##### Induktionswirkung an einem Punkt im Feld          ##########
#####          (BRUTTO)                                 ##########
##### jemals eingekoppelte Induktionswirkung (kumuliert) ##########
#####                                                   ##########
##   cum U(xyz)b              [m/s]  3.1920662
##   cum V(xyz)b              [m/s]  0
##   cum W(xyz)b              [m/s]  0
##   cum R(xyz)b              [m/s]  3.1920662
##
##   cum Impuls(xyz)b         [Nm/s] 3.1920662
##   cum Energie(xyz)b          [Nm] 10.189287
##   cum Leistung(xyz)b          [J] 32.524877
##   spez.ImpulsDichte(xyz)b [Nm/s/m3] 0.0001182
##   spez.EnergieDichte(xyz)b   [W/m3] 0.0003774
##   spez.LeistungsDichte(xyz)b [J/m3] 0.0012046
#####                                                   ##########
#################################################################
##### Induktionswirkung an einem Punkt im Feld          ##########
#####          (NETTO)                                  ##########
##### scheinbar eingekoppelte Induktionswirkung (kum.)  ##########
#####                                                   ##########
##   cum U(xyz)n              [m/s]  3.1920662
##   cum V(xyz)n              [m/s]  0
##   cum W(xyz)n              [m/s]  0
##   cum R(xyz)n              [m/s]  3.1920662
##
##   cum Impuls(xyz)n         [Nm/s] 3.1920662
##   cum Energie(xyz)n          [Nm] 10.189287
##   cum Leistung(xyz)n          [J] 32.524877
##   spez.ImpulsDichte(xyz)n [Nm/s/m3] 0.0001182
##   spez.EnergieDichte(xyz)n   [W/m3] 0.0003774
##   spez.LeistungsDichte(xyz)n [J/m3] 0.0012046
##
#####   lokaler Geschwindigkeits - und Druckkoeffizient  ##########
##   Point X in fluidroom:  15
##   Point Y in fluidroom:  15
##   Point Z in fluidroom:  15
##   spez. Geschwindigkeit    v/Vue  7.3841309
##   spez. Druckkoeffizient     cp   -53.525389
#################################################################
#################################################################
########## eof ##################################################
```

```
#######################################################################
###     lokale Analyse des Strömungsfeldes (Induktionswirkung)     ###
###     Integral,- Bilanz,- und Mittelwerte                        ###
###     an einem ausgesuchten Punkt im Feld (SONDE)                ###
###     Kampagne K000.000 18022022-1                               ###
###     Version: Vinduc_052_041                                    ###
###                                                                ###
#######################################################################
### CODED: bionic research unit berlin (2022)   ####################
# Speicherort C:\Users\Micha\Desktop\LCO_Data\anyPointBILANZ003.txt
# Analyse-Nr: 003
#######################################################################
#####   Modell-Raum und Analyse-Raum                      ##########
fluidroom dimension          X-Dim:   30
fluidroom dimension          Y-Dim:   30
fluidroom dimension          Z-Dim:   30
lokal target    Point X in fluidroom:   20
lokal target    Point Y in fluidroom:   15
lokal target    Point Z in fluidroom:   15
#######################################################################
##### Induktionswirkung an einem Punkt im Feld            ##########
#####           (BRUTTO)                                  ##########
##### jemals eingekoppelte Induktionswirkung (kumuliert)  ##########
#####                                                     ##########
##   cum U(xyz)b              [m/s]   0.7475815
##   cum V(xyz)b              [m/s]   0.6097561
##   cum W(xyz)b              [m/s]   0.611234
##   cum R(xyz)b              [m/s]   1.1420541
##
##   cum Impuls(xyz)b         [Nm/s]  1.1420541
##   cum Energie(xyz)b         [Nm]   1.3042876
##   cum Leistung(xyz)b         [J]   1.4895671
##   spez.ImpulsDichte(xyz)b [Nm/s/m3] 0.0000423
##   spez.EnergieDichte(xyz)b   [W/m3] 0.0000483
##   spez.LeistungsDichte(xyz)b [J/m3] 0.0000552
#####                                                     ##########
#######################################################################
##### Induktionswirkung an einem Punkt im Feld            ##########
#####           (NETTO)                                   ##########
##### scheinbar eingekoppelte Induktionswirkung (kum.)    ##########
#####                                                     ##########
##   cum U(xyz)n              [m/s]   0.7475815
##   cum V(xyz)n              [m/s]   0.0000008
##   cum W(xyz)n              [m/s]  -0.0004888
##   cum R(xyz)n              [m/s]   0.7475817
##
##   cum Impuls(xyz)n         [Nm/s]  0.7475817
##   cum Energie(xyz)n         [Nm]   0.5588784
##   cum Leistung(xyz)n         [J]   0.4178072
##   spez.ImpulsDichte(xyz)n [Nm/s/m3] 0.0000277
##   spez.EnergieDichte(xyz)n   [W/m3] 0.0000207
##   spez.LeistungsDichte(xyz)n [J/m3] 0.0000155
##
#####    lokaler Geschwindigkeits - und Druckkoeffizient   ##########
##   Point X in fluidroom:   20
##   Point Y in fluidroom:   15
##   Point Z in fluidroom:   15
##   spez. Geschwindigkeit    v/Vue   2.4951627
##   spez. Druckkoeffizient    cp    -5.225837
#######################################################################
#######################################################################
########## eof ########################################################
```

```
#######################################################################
###    lokale Analyse des Strömungsfeldes (Induktionswirkung)       ###
###    Integral,- Bilanz,- und Mittelwerte                          ###
###    an einem ausgesuchten Punkt im Feld (SONDE)                  ###
###    Kampagne K000.000 18022022-1                                 ###
###    Version: Vinduc_052_041                                      ###
###                                                                 ###
#######################################################################
### CODED: bionic research unit berlin (2022)  #######################
# Speicherort C:\Users\Micha\Desktop\LCO_Data\anyPointBILANZ004.txt
# Analyse-Nr: 004
#######################################################################
#####  Modell-Raum und Analyse-Raum                      ##########
fluidroom dimension           X-Dim:   30
fluidroom dimension           Y-Dim:   30
fluidroom dimension           Z-Dim:   30
lokal target    Point X in fluidroom:  25
lokal target    Point Y in fluidroom:  15
lokal target    Point Z in fluidroom:  15
#######################################################################
##### Induktionswirkung an einem Punkt im Feld           ##########
#####           (BRUTTO)                                 ##########
##### jemals eingekoppelte Induktionswirkung (kumuliert) ##########
#####                                                    ##########
##   cum U(xyz)b              [m/s]   0.154556
##   cum V(xyz)b              [m/s]   0.2521235
##   cum W(xyz)b              [m/s]   0.2527346
##   cum R(xyz)b              [m/s]   0.3890098
##
##   cum Impuls(xyz)b         [Nm/s]  0.3890098
##   cum Energie(xyz)b         [Nm]   0.1513286
##   cum Leistung(xyz)b         [J]   0.0588683
##   spez.ImpulsDichte(xyz)b [Nm/s/m3] 0.0000144
##   spez.EnergieDichte(xyz)b   [W/m3] 0.0000056
##   spez.LeistungsDichte(xyz)b [J/m3] 0.0000022
#####                                                    ##########
#######################################################################
##### Induktionswirkung an einem Punkt im Feld           ##########
#####           (NETTO)                                  ##########
##### scheinbar eingekoppelte Induktionswirkung (kum.)   ##########
#####                                                    ##########
##   cum U(xyz)n              [m/s]   0.154556
##   cum V(xyz)n              [m/s]   0.0000003
##   cum W(xyz)n              [m/s]  -0.0002021
##   cum R(xyz)n              [m/s]   0.1545561
##
##   cum Impuls(xyz)n         [Nm/s]  0.1545561
##   cum Energie(xyz)n         [Nm]   0.0238876
##   cum Leistung(xyz)n         [J]   0.003692
##   spez.ImpulsDichte(xyz)n [Nm/s/m3] 0.0000057
##   spez.EnergieDichte(xyz)n   [W/m3] 0.0000009
##   spez.LeistungsDichte(xyz)n [J/m3] 0.0000001
##
#####   lokaler Geschwindigkeits - und Druckkoeffizient  ##########
##   Point X in fluidroom:  25
##   Point Y in fluidroom:  15
##   Point Z in fluidroom:  15
##   spez. Geschwindigkeit    v/Vue   1.3091118
##   spez. Druckkoeffizient   cp     -0.7137736
#######################################################################
#######################################################################
########## eof ########################################################
```

```
#####################################################################
###     lokale Analyse des Strömungsfeldes (Induktionswirkung)    ###
###     Integral,- Bilanz,- und Mittelwerte                       ###
###     an einem ausgesuchten Punkt im Feld (SONDE)               ###
###     Kampagne K000.000 18022022-1                              ###
###     Version: Vinduc_052_041                                   ###
###                                                               ###
#####################################################################
### CODED: bionic research unit berlin (2022)  ######################
# Speicherort C:\Users\Micha\Desktop\LCO_Data\anyPointBILANZ005.txt
# Analyse-Nr: 005
#####################################################################
#####   Modell-Raum und Analyse-Raum                      ##########
fluidroom dimension              X-Dim:   30
fluidroom dimension              Y-Dim:   30
fluidroom dimension              Z-Dim:   30
lokal target   Point X in fluidroom:   30
lokal target   Point Y in fluidroom:   15
lokal target   Point Z in fluidroom:   15
#####################################################################
#####  Induktionswirkung an einem Punkt im Feld           ##########
#####           (BRUTTO)                                  ##########
##### jemals eingekoppelte Induktionswirkung (kumuliert)  ##########
#####                                                     ##########
##   cum U(xyz)b             [m/s]   0.051376
##   cum V(xyz)b             [m/s]   0.1257126
##   cum W(xyz)b             [m/s]   0.1260173
##   cum R(xyz)b             [m/s]   0.1852661
##
##   cum Impuls(xyz)b        [Nm/s]  0.1852661
##   cum Energie(xyz)b        [Nm]   0.0343235
##   cum Leistung(xyz)b        [J]   0.006359
##   spez.ImpulsDichte(xyz)b [Nm/s/m3] 0.0000069
##   spez.EnergieDichte(xyz)b   [W/m3] 0.0000013
##   spez.LeistungsDichte(xyz)b [J/m3] 0.0000002
#####                                                     ##########
#####################################################################
#####  Induktionswirkung an einem Punkt im Feld           ##########
#####           (NETTO)                                   ##########
##### scheinbar eingekoppelte Induktionswirkung (kum.)    ##########
#####                                                     ##########
##   cum U(xyz)n             [m/s]   0.051376
##   cum V(xyz)n             [m/s]   0.0000002
##   cum W(xyz)n             [m/s]  -0.0001008
##   cum R(xyz)n             [m/s]   0.0513761
##
##   cum Impuls(xyz)n        [Nm/s]  0.0513761
##   cum Energie(xyz)n        [Nm]   0.0026395
##   cum Leistung(xyz)n        [J]   0.0001356
##   spez.ImpulsDichte(xyz)n [Nm/s/m3] 0.0000019
##   spez.EnergieDichte(xyz)n   [W/m3] 9.776D-08
##   spez.LeistungsDichte(xyz)n [J/m3] 5.022D-09
##
#####   lokaler Geschwindigkeits - und Druckkoeffizient   ##########
##   Point X in fluidroom:   30
##   Point Y in fluidroom:   15
##   Point Z in fluidroom:   15
##   spez. Geschwindigkeit   v/Vue   1.1027517
##   spez. Druckkoeffizient   cp    -0.2160614
#####################################################################
#####################################################################
########### eof #####################################################
```

```
######################################################################
###    Analyse des Strömungsfeldes unter Induktionswirkung      ###
###    Integral- Bilanz- und Mittelwerte                        ###
###                                                             ###
###    Kampagne K000.000 23022022-1                             ###
###    Version: Vinduc_052_047                                  ###
###                                                             ###
######################################################################
### CODED: bionic research unit berlin (2022)  ####################
# Speicherort C:\Users\Micha\Desktop\LCO_Data\anyField_anyBILANZ.txt
# CPU-Time [s] 116.21875
# realTime [s] 113.55928
######################################################################
#####  Modell-Raum und Analyse-Raum                    #########
fluidroom dimension            X:   30
fluidroom dimension            Y:   30
fluidroom dimension            Z:   30
analyse room dim.             aX:   30
analyse room dim.             aY:   30
analyse room dim.             aZ:   30
######################################################################
#####  dynamische Randbedingungen                      #########
dyn. RB: Vue-x:          [m/s]   0.5
dyn. RB: Vue-y:          [m/s]   0
dyn. RB: Vue-z:          [m/s]   0
dyn. RB: Zirkulation G:  [m2/s]  -25
######################################################################
##### V-Komponenten im Feld ohne Induktionswirkung     ##########
  cumU(xyz)              [m/s]   13500
  cumV(xyz)              [m/s]   0
  cumW(xyz)              [m/s]   0
  cumR(xyz)              [m/s]   13500
######################################################################
##### energetische Bilanz im Feld ohne Induktionswirkung ##########
#####          BILANZ                                  ##########
######################################################################
Impuls-Äquivalent      10E3 [m/s]  13.5
Energie-Äquivalent     10E3  [J]   182250
Leistungs-Äquivalent   10E6  [W]   2460375
######################################################################
##### Induktionswirkung im Feld       ############################
##### V-Komponenten im Feld (BRUTTO) ############################
##### jemals eingekoppelte Induktionswirkung (kumuliert)  #########
######################################################################
  cum U(xyz)            [m/s]   5312.9027
  cum V(xyz)            [m/s]   3381.4501
  cum W(xyz)            [m/s]   3389.5279
  cum R(xyz)            [m/s]   7690.7406
######################################################################
##### InduktionsWirkung im Feld (BRUTTO) #######################
######################################################################
Impuls-Äquivalent      10E3 [m/s]  7.6907406
Energie-Äquivalent     10E3  [J]   59147.492
Leistungs-Äquivalent   10E6  [W]   454888.02
######################################################################
##### V-Komponenten im Feld (NETTO) ############################
##### scheinbar eingekoppelte Induktionswirkung (kumuliert)  #######
######################################################################
  cum U(xyz)            [m/s]   829.47013
  cum V(xyz)            [m/s]   0.3261159
  cum W(xyz)            [m/s]   0.2746133
  cum R(xyz)            [m/s]   3499.3988
######################################################################
##### InduktionsWirkung im Feld (NETTO) #######################
######################################################################
Impuls-Äquivalent      10E3 [m/s]  3.4993988
Energie-Äquivalent     10E3  [J]   12245.792
Leistungs-Äquivalent   10E6  [W]   42852.909
######################################################################
```

```
##### InduktionsWirkung der FwF-Struktur    ########################
####################################################################
   Dimension des Polygons                            [-]  20
   Laenge des Polygons                               [LE] 24.693238
   ImpulsSpezifisch Brutto        p/polydim         [m/s]  384.53703
   ImpulsSpezifisch Netto         p/polydim         [m/s]  174.96994
   ImpulsGeneralisiert Brutto     p/poly-L         [m/s/m] 311.45129
   ImpulsGeneralisiert Netto      p/poly-L         [m/s/m] 141.71486
########### eof ####################################################
```